国家职业资格培训教材
技能型人才培训用书

工程机械装配与调试工
（挖掘机）

国家职业资格培训教材编审委员会　组编

蒋　炜　主编

机 械 工 业 出 版 社

本教材是依据《国家职业技能标准　工程机械装配与调试工》对初级、中级和高级挖掘机装配与调试工的理论知识与技能要求，按照岗位培训需要的原则编写的。本教材主要内容包括：液压挖掘机构造原理、液压挖掘机典型部件、挖掘机液压系统、挖掘机电气系统、液压挖掘机整车装配与调试、液压挖掘机维护与故障诊断、挖掘机装配与调试工模拟试卷样例及参考答案。每章章前有培训学习目标，章末有复习思考题，以便于企业培训和读者自测。

本教材既可作为各级职业技能鉴定培训机构、企业培训部门的考前培训教材，还可作为读者考前复习用书，以及职业技术院校、技工院校的专业课教材。

图书在版编目（CIP）数据

工程机械装配与调试工．挖掘机/蒋炜主编．—北京：机械工业出版社，2015.6（2024.1重印）
国家职业资格培训教材
ISBN 978-7-111-49833-9

Ⅰ.①工…　Ⅱ.①蒋…　Ⅲ.①挖掘机-装配（机械）-技术培训-教材 ②挖掘机-调试方法-技术培训-教材　Ⅳ.①TH2 ②TU621

中国版本图书馆 CIP 数据核字（2015）第 067802 号

机械工业出版社（北京市百万庄大街22号　邮政编码100037）
策划编辑：赵磊磊　责任编辑：赵磊磊
责任校对：刘秀芝　责任印制：单爱军
北京虎彩文化传播有限公司印刷
2024 年 1 月第 1 版第 4 次印刷
169mm×239mm · 15 印张 · 289 千字
标准书号：ISBN 978-7-111-49833-9
定价：29.80 元

国家职业资格培训教材（第2版）
编 审 委 员 会

第 2 版序

在"十五"末期，为贯彻落实"全国职业教育工作会议"和"全国再就业会议"精神，加快培养一大批高素质的技能型人才，机械工业出版社精心策划了与原劳动和社会保障部《国家职业标准》配套的《国家职业资格培训教材》。这套教材涵盖 41 个职业工种，共 172 种，有十几个省、自治区、直辖市相关行业的 200 多名工程技术人员、教师、技师和高级技师等从事技能培训和鉴定的专家参加编写。教材出版后，以其兼顾岗位培训和鉴定培训需要，理论、技能、题库合一，便于自检自测的特点，受到全国各级培训、鉴定部门和广大技术工人的欢迎，基本满足了培训、鉴定和读者自学的需要，在"十一五"期间为培养技能人才发挥了重要作用，本套教材也因此成为国家职业资格鉴定考证培训及企业员工培训的品牌教材。

2010 年，《国家中长期人才发展规划纲要（2010—2020 年）》《国家中长期教育改革和发展规划纲要（2010—2020 年）》《关于加强职业培训促就业的意见》相继颁布和出台，2012 年 1 月，国务院批转了"七部委"联合制定的《促进就业规划（2011—2015 年）》，在这些规划和意见中，都重点阐述了加大职业技能培训力度、加快技能人才培养的重要意义，以及相应的配套政策和措施。为适应这一新形势，同时也鉴于第 1 版教材所涉及的许多知识、技术、工艺、标准等已发生了变化的实际情况，我们经过深入调研，并在充分听取了广大读者和业界专家意见的基础上，决定对已经出版的"国家职业资格培训教材"进行修订。本次修订，仍以原有的大部分作者为班底，并保持原有的"以技能为主线，理论、技能、题库合一"的编写模式，重点在以下几个方面进行了改进：

1. 新增紧缺职业工种——为满足社会需求，又开发了一批近几年比较紧缺的以及新增的职业工种教材，使本套教材覆盖的职业工种更加广泛。

2. 紧跟国家职业标准——按照最新颁布的《国家职业技能标准》（或《国家职业标准》）规定的工作内容和技能要求重新整合、补充和完善内容，涵盖职业标准中所要求的知识点和技能点。

3. 提炼重点知识技能——在内容的选择上，以"够用"为原则，提炼出应重点掌握的必需专业知识和技能，删减了不必要的理论知识，使内容更加精练。

4. 补充更新技术内容——紧密结合最新技术发展，删除了陈旧过时的内容，补充了新的技术内容。

5. 同步最新技术标准——对原教材中按旧技术标准编写的内容进行更新，所有内容均与最新的技术标准同步。

6. 精选技能鉴定题库——按鉴定要求精选了职业技能鉴定试题，试题贴近教材，贴近国家试题库的考点，更具典型性、代表性、通用性和实用性。

7. 配备免费电子教案——为方便培训教学，我们为本套教材开发了配套的电子教案，免费赠送给选用本套教材的机构和教师。

8. 配备操作实景光盘——根据读者需要，部分教材配备了操作实景光盘。

一言概之，经过精心修订，第 2 版教材在保留了第 1 版精华的同时，内容更加精练、可靠、实用，针对性更强，更能满足社会需求和读者需要。全套教材既可作为各级职业技能鉴定培训机构、企业培训部门的考前培训教材，又可作为读者考前复习和自测使用的复习用书，也可供职业技能鉴定部门在鉴定命题时参考，还可作为职业技术院校、技工院校、各种短训班的专业课教材。

在本套教材的调研、策划、编写过程中，得到了许多企业、鉴定培训机构有关领导、专家的大力支持和帮助，在此表示衷心的感谢！

虽然我们已经尽了最大努力，但是教材中仍难免存在不足之处，恳请专家和广大读者批评指正。

国家职业资格培训教材第 2 版编审委员会

第1版序一

当前和今后一个时期，是我国全面建设小康社会、开创中国特色社会主义事业新局面的重要战略机遇期。建设小康社会需要科技创新，离不开技能人才。"全国人才工作会议"、"全国职教工作会议"都强调要把"提高技术工人素质、培养高技能人才"作为重要任务来抓。当今世界，谁掌握了先进的科学技术并拥有大量技术娴熟、手艺高超的技能人才，谁就能生产出高质量的产品，创出自己的名牌；谁就能在激烈的市场竞争中立于不败之地。我国有近一亿技术工人，他们是社会物质财富的直接创造者。技术工人的劳动，是科技成果转化为生产力的关键环节，是经济发展的重要基础。

科学技术是财富，操作技能也是财富，而且是重要的财富。中华全国总工会始终把提高劳动者素质作为一项重要任务，在职工中开展的"当好主力军，建功'十一五'，和谐奔小康"竞赛中，全国各级工会特别是各级工会职工技协组织注重加强职工技能开发，实施群众性经济技术创新工程，坚持从行业和企业实际出发，广泛开展岗位练兵、技术比赛、技术革新、技术协作等活动，不断提高职工的技术技能和操作水平，涌现出一大批掌握高超技能的能工巧匠。他们以自己的勤劳和智慧，在推动企业技术进步，促进产品更新换代和升级中发挥了积极的作用。

欣闻机械工业出版社配合新的《国家职业标准》为技术工人编写了这套涵盖41个职业的172种"国家职业资格培训教材"。这套教材由全国各地技能培训和考评专家编写，具有权威性和代表性；将理论与技能有机结合，并紧紧围绕《国家职业标准》的知识点和技能鉴定点编写，实用性、针对性强，既有必备的理论和技能知识，又有考核鉴定的理论和技能题库及答案，编排科学，便于培训和检测。

这套教材的出版非常及时，为培养技能型人才做了一件大好事，我相信这套教材一定会为我们培养更多更好的高技能人才做出贡献！

（李永安　中国职工技术协会常务副会长）

第1版序二

为贯彻"全国职业教育工作会议"和"全国再就业会议"精神，全面推进技能振兴计划和高技能人才培养工程，加快培养一大批高素质的技能型人才，我们精心策划了这套与劳动和社会保障部最新颁布的《国家职业标准》配套的《国家职业资格培训教材》。

进入21世纪，我国制造业在世界上所占的比重越来越大，随着我国逐渐成为"世界制造业中心"进程的加快，制造业的主力军——技能人才，尤其是高级技能人才的严重缺乏已成为制约我国制造业快速发展的瓶颈，高级蓝领出现断层的消息屡屡见诸报端。据统计，我国技术工人中高级以上技工只占3.5%，与发达国家40%的比例相去甚远。为此，国务院先后召开了"全国职业教育工作会议"和"全国再就业会议"，提出了"三年50万新技师的培养计划"，强调各地、各行业、各企业、各职业院校等要大力开展职业技术培训，以培训促就业，全面提高技术工人的素质。

技术工人密集的机械行业历来高度重视技术工人的职业技能培训工作，尤其是技术工人培训教材的基础建设工作，并在几十年的实践中积累了丰富的教材建设经验。作为机械行业的专业出版社，机械工业出版社在"七五"、"八五"、"九五"期间，先后组织编写出版了"机械工人技术理论培训教材"149种，"机械工人操作技能培训教材"85种，"机械工人职业技能培训教材"66种，"机械工业技师考评培训教材"22种，以及配套的习题集、试题库和各种辅导性教材约800种，基本满足了机械行业技术工人培训的需要。这些教材以其针对性、实用性强，覆盖面广，层次齐备，成龙配套等特点，受到全国各级培训、鉴定和考工部门和技术工人的欢迎。

2000年以来，我国相继颁布了《中华人民共和国职业分类大典》和新的《国家职业标准》，其中对我国职业技术工人的工种、等级、职业的活动范围、工作内容、技能要求和知识水平等根据实际需要进行了重新界定，将国家职业资格分为5个等级：初级（5级）、中级（4级）、高级（3级）、技师（2级）、高级技师（1级）。为与新的《国家职业标准》配套，更好地满足当前各级职业培训和技术工人考工取证的需要，我们精心策划编写了这套《国家职业资格培训教材》。

这套教材是依据劳动和社会保障部最新颁布的《国家职业标准》编写的，

为满足各级培训考工部门和广大读者的需要，这次共编写了 41 个职业的 172 种教材。在职业选择上，除机电行业通用职业外，还选择了建筑、汽车、家电等其他相近行业的热门职业。每个职业按《国家职业标准》规定的工作内容和技能要求编写初级、中级、高级、技师（含高级技师）四本教材，各等级合理衔接、步步提升，为高技能人才培养搭建了科学的阶梯型培训架构。为满足实际培训的需要，对多工种共同需求的基础知识我们还分别编写了《机械制图》、《机械基础》、《电工常识》、《电工基础》、《建筑装饰识图》等近 20 种公共基础教材。

在编写原则上，依据《国家职业标准》又不拘泥于《国家职业标准》是我们这套教材的创新。为满足沿海制造业发达地区对技能人才细分市场的需要，我们对模具、制冷、电梯等社会需求量大又已单独培训和考核的职业，从相应的职业标准中剥离出来单独编写了针对性较强的培训教材。

为满足培训、鉴定、考工和读者自学的需要，在编写时我们考虑了教材的配套性。教材的章首有培训要点、章末配复习思考题，书末有与之配套的试题库和答案，以及便于自检自测的理论和技能模拟试卷，同时还根据需求为 20 多种教材配制了 VCD 光盘。

为扩大教材的覆盖面和体现教材的权威性，我们组织了上海、江苏、广东、广西、北京、山东、吉林、河北、四川、内蒙古等地相关行业从事技能培训和考工的 200 多名专家、工程技术人员、教师、技师和高级技师参加编写。

这套教材在编写过程中力求突出"新"字，做到"知识新、工艺新、技术新、设备新、标准新"；增强实用性，重在教会读者掌握必需的专业知识和技能，是企业培训部门、各级职业技能鉴定培训机构、再就业和农民工培训机构的理想教材，也可作为技工学校、职业高中、各种短训班的专业课教材。

在这套教材的调研、策划、编写过程中，曾经得到广东省职业技能鉴定中心、上海市职业技能鉴定中心、江苏省机械工业联合会、中国第一汽车集团公司以及北京、上海、广东、广西、江苏、山东、河北、内蒙古等地许多企业和技工学校的有关领导、专家、工程技术人员、教师、技师和高级技师的大力支持和帮助，在此谨向为本套教材的策划、编写和出版付出艰辛劳动的全体人员表示衷心的感谢！

教材中难免存在不足之处，诚恳希望从事职业教育的专家和广大读者不吝赐教，批评指正。我们真诚希望与您携手，共同打造职业培训教材的精品。

国家职业资格培训教材编审委员会

前　言

　　工程机械是广泛用于建筑、水利、电力、道路、矿山、港口和国防等领域建设的施工机械。工程机械装配与调试是保证工程机械质量的重要环节，其从业人员的技术水平直接影响着工程机械产品的质量和工程机械企业参与国内外市场竞争的能力。

　　随着自动控制、机电一体化等新技术在工程机械上的应用和机器人、数字检测调试工具在装配生产单元中的使用，对工程机械装配与调试工这一职业的从业人员提出了越来越高的要求。人力资源和社会保障部于 2009 年 11 月 12 日设立了"工程机械装配与调试工"这一新职业，制定了相应的国家职业技能标准。本教材正是依据《国家职业技能标准　工程机械装配与调试工》对初级、中级和高级挖掘机装配与调试工的理论知识与技能要求，按照岗位培训需要的原则编写的。本教材主要内容包括：液压挖掘机构造原理、液压挖掘机典型部件、挖掘机液压系统、挖掘机电气系统、液压挖掘机整车装配与调试、液压挖掘机维护与故障诊断，挖掘机装配与调试工模拟试卷样例及参考答案。每章章前有培训学习目标，章末有复习思考题，以便于企业培训和读者自测。

　　本教材既可作为各级职业技能鉴定培训机构、企业培训部门的考前培训教材，还可作为读者考前复习用书，以及职业技术院校、技工院校的专业课教材。

　　本书由蒋炜任主编，黄炜任副主编，钱锦秀、韩红芹参与编写。本书在编写过程中得到了徐工集团挖掘机械事业部装配分厂的大力支持和帮助，在此表示衷心的感谢。

　　由于编者水平有限，书中错误、疏漏之处在所难免，敬请广大读者批评指正。

编　者

目　录

第1章

液压挖掘机构造原理

 培训学习目标

1）了解液压挖掘机的功能和分类。
2）掌握液压挖掘机的主要技术参数。
3）掌握液压挖掘机的工作特点。
4）熟悉液压挖掘机的结构。
5）掌握液压挖掘机的基本工作原理。
6）掌握液压挖掘机的功能和用途。

◇◇◇ 1.1 挖掘机的分类及主要技术参数

挖掘机是用来开挖土壤的施工机械。它是用铲斗的斗齿切削土壤并装入斗内，装满土后提升铲斗并回转到卸土地点卸土，然后再使转台回转、铲斗下降到挖掘面，进行下一次挖掘。挖掘机在采矿、筑路、水利、电力、建筑、石油、天然气管道铺设和军事工程中应用广泛。据统计，工程施工中约60%的土石方量是靠挖掘机完成的。挖掘机更换工作装置后，还可以从事破碎、浇筑、起重、安装、打桩、夯土和拔桩等作业。

1.1.1 挖掘机的分类

1. 按作业过程进行分类

（1）周期作业式 凡是挖掘、运载、卸载等作业依次重复循环进行的挖掘机都为周期作业式，各种单斗挖掘机都属于此类。

（2）连续作业式 凡是挖掘、运载、卸载等作业同时连续进行的挖掘机都为连续作业式，各种多斗挖掘机以及滚切式挖掘机、隧洞掘进机都属于这一类。

2. 按用途进行分类

（1）通用型挖掘机 通用型挖掘机又称建筑型或万能式挖掘机，可更换反铲、正铲、抓斗、装载装置、起重装置等多种工作装置，以适应各种土建工程的施工。

（2）专用型挖掘机 专用型挖掘机通常是大中型的，有采矿型、剥离型和隧洞掘进机等，只配有正铲或装载工作装置，适用于矿山、隧道、深井等挖掘、装载作业。

3. 按传动方式分类

（1）机械挖掘机 机械挖掘机采用啮合传动和摩擦传动装置来传递动力，这些装置由齿轮、链条、链轮、钢索滑轮组等零件组成。

（2）液压挖掘机 液压挖掘机采用液压传动来传递动力，它由液压泵、液压缸、控制阀及油管等液压元件组成。

液压挖掘机按主要机构是否全部采用液压传动又分为全液压式与半液压式两种。半液压式挖掘机的行走机构采用机械传动，少数挖掘机仅工作装置采用液压传动，如大型矿用挖掘机等。目前国产轮胎式液压挖掘机多采用半液压式。

4. 按行走装置分类

（1）履带式挖掘机 履带式挖掘机（图1-1、图1-2）因有良好的通过性能，应用最广，对松软地面或沼泽地带还可以采用加宽、加长以及浮式履带来降低接地比压。

图1-1　履带式正铲挖掘机

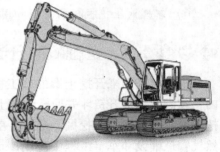

图1-2　履带式反铲挖掘机

（2）轮胎式挖掘机 轮胎式挖掘机具有行走速度快、机动性好、可在城市道路上通行等特点，故近年来在中、小型液压挖掘机中发展较快（图1-3）。

5. 按工作装置形式分类

（1）单斗挖掘机 单斗挖掘机工作装置的形式很多，常用的基本形式有机械传动和液压传动等。机

图1-3　轮胎式挖掘机

械传动的挖掘机有正铲、反铲、拉铲、抓斗和起重、吊钩等工作装置。液压传动的挖掘机有反铲、正铲、抓斗、装载和起重装置等。

（2）多斗挖掘机　多斗挖掘机主要按照工作装置的工作原理和构造特征，分为链斗式和轮斗式，以及滚切式和铣切式。多斗挖掘机工作装置的运动平面和挖掘机运行方向相一致的为纵向挖掘，相垂直的为横向挖掘。

6. 按回转部分的转角分类

（1）全回转式　大部分液压挖掘机为全回转式。

（2）半回转式　小型液压挖掘机如悬挂式液压挖掘机等的工作装置仅能作180°左右的回转，为半回转式。

7. 按照整机重量、总功率、铲斗容量分类

挖掘机可分为小型、中型、大型、超大型等各种级别。

1.1.2　液压挖掘机的主要技术参数

1. 型号编码

根据 GB/T 9139—2008《液压挖掘机　技术条件》，统一规定挖掘机型号的编制方法。

1）挖掘机的型号由类、组、型、特性、主参数及变形更新代号组成。

2）类。单斗挖掘机和多斗挖掘机，均用大写汉语拼音字母"W"表示。

3）组。机械挖掘机不加代号，液压挖掘机、电动挖掘机等分别用大写汉语拼音字母"Y""D"表示。

4）本标准仅适用于履带式和轮胎式两种形式的挖掘机，履带式不加代号，轮胎式用大写汉语拼音字母"L"表示，对步履式、汽车式、悬挂式、浮箱式等挖掘机未作规定。

5）主参数代号用整机质量的数字表示（单位为t），改变了过去用斗容量表示的方法。

6）变形更新代号按变形更新的顺序用大写汉语拼音字母"A""B""C"等表示。

7）型号编码格式如图1-4所示。

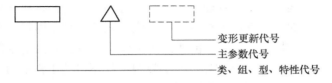

变形更新代号

主参数代号

类、组、型、特性代号

图1-4　挖掘机型号编码

例如：WY25，表示整机质量为25t的履带式液压挖掘机；WYL12.5，表示整机质量为12.5t的轮胎式液压挖掘机。

2. 单斗挖掘机的主要技术参数

单斗挖掘机的主要技术参数包括标准铲斗容量、整机性能参数、经济指标参数和主要作业尺寸。

（1）标准铲斗容量　标准铲斗容量即斗容量，指挖掘机挖掘Ⅲ级或密度为 $1800kg/m^3$ 的土时，铲斗堆尖时的容量。为充分发挥挖掘机的挖掘力，对于不同等级或堆密度的土应配备不同斗容量的挖掘机。

（2）整机性能参数

1）整机质量。每种型号挖掘机的使用维护说明书中都标出"工作质量"字样，意思是挖掘机在装上工作装置，由驾驶员操纵的工作状态下的质量（驾驶员质量按65kg考虑）。有时也分别给出机体和工作装置的质量，单位均为吨（t）。

2）最大行走牵引力。牵引力是指用来克服各种运动阻力，获得前进的一个力。牵引力是这样产生的：发动机发出转矩，经传动系统传到驱动轮，把履带工作区段张紧，引起支承面与地面的相互作用，这时地面给履带支承面一个切向反作用力，此力方向与履带行走方向一致，从而推动挖掘机前进。牵引力的度量单位是牛（N）。

3）最大挖掘力。最大挖掘力是指液压缸中的液压通过相应构件传递给斗齿并用来切削土的最大作用力。挖掘力是挖掘机的主要性能参数，与液压缸的推力、各铰点的位置有关。液压挖掘机在挖掘过程中有用斗杆液压缸的推力来挖掘的挖掘力和用铲斗液压缸的推力来挖掘的挖掘力。按液压系统工作压力工作的铲斗液压缸或斗杆液压缸所能发挥出的最大斗齿力（斗齿力在挖掘过程中是变化的）称为最大挖掘力。最大挖掘力的单位是牛（N）。

4）接地比压。接地比压是衡量挖掘机通过性能的指标，如低于最小接地比压，则挖掘机就不能通过。接地比压是用整机质量被履带接地面积来除而得的商。接地比压的单位是帕斯卡（Pa）。

（3）经济指标参数　挖掘机的经济指标参数主要指生产率，即挖掘机在单位时间内挖掘土的体积数（单位为 m^3/h）。

（4）主要作业尺寸　图1-5所示为一台单斗反铲液压挖掘机的挖掘图。图中曲线表示挖掘机斗齿的极限运动轨迹，曲线包容的面积为挖掘机斗齿的极限运动范围。选择挖掘机时，应使挖掘机的挖掘图满足开挖基坑断面尺寸的要求。挖掘机的主要作业尺寸如图1-5所示，包括最大工作半径 A、最大挖掘深度 B、最大挖掘高度 C、最大卸载高度 D 四项，它们反映了挖掘机的工作能力。

1）最大工作半径。也称为最大挖掘宽度，指铲斗齿尖所能伸出的最远点至挖掘机的回转中心线间的水平距离。

2）最大挖掘深度。指铲斗齿尖所能达到的最低点到停机面的垂直距离。此时，动臂、斗杆与铲斗三个液压缸活塞杆全缩回。

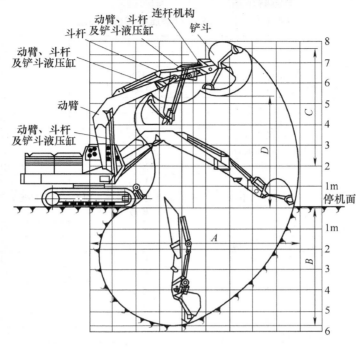

图 1-5　单斗反铲液压挖掘机的挖掘图

3）最大挖掘高度。指工作装置处在最大举升高度时，铲斗斗齿尖端至停机面的垂直距离。此时，动臂液压缸活塞杆全伸出，斗杆和铲斗液压缸活塞杆全缩回。

4）最大卸载高度。指工作装置位于最大举升高度时，翻转后的铲斗斗齿尖与停机面的垂直距离。此时，动臂和铲斗液压缸活塞全伸出，斗杆液压缸全缩回。

3. 产品实例解读

徐工 XE 系列液压挖掘机如图 1-6 所示，其产品规格和工作范围见表 1-1 和表 1-2。

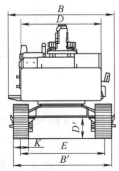
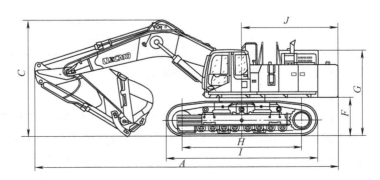

图 1-6　徐工 XE 系列液压挖掘机

表 1-1　徐工 XE 系列液压挖掘机产品规格

型　　号			XE18	XE230C
铲斗容量/m³			0.044	1
标准铲斗宽度/mm			475	1260
操作质量/kg			1780	23520
机体尺寸(运输时)	全长 A/mm		3760	10185
	全宽 B/mm		1300	2990
	全高 C/mm		2405	3100
	最低离地间隙 D/mm		180	485
发动机	型号		3TNV82A	CC-6BG1TRP
	总排气量/L		1.33	6.494
	额定输出功率/kW		16.5(转速为 2200r/min 时)	125(转速为 2100r/min 时)
履带类型			橡胶	钢
履带宽度 K/mm			230	600
行走部分	履带全长/mm		1578	4255
	轮间距 H/mm		1217	3462
	履带中心距 I/mm		1070	2390
	行驶速度(1 档/2 档)/km·h⁻¹		4.4/2.4	5.5/3.5
	爬坡能力(%)		58	70
回转速度/r·min⁻¹			11	12.1
燃油箱容量/L			20	400
液压油箱容量/L			29	240

表 1-2　徐工 XE 系列液压挖掘机工作范围

型　　号		XE18	XE230C
挖掘性能	最大挖掘高度/mm	3653	9595
	最大卸载高度/mm	2515	6725
	最大挖掘深度/mm	2285	6960
	最大垂直挖掘深度/mm	2067	6090
	最大挖掘半径/mm	3915	10240
	动臂偏移角度(左/右)(°)	70°/50°	—
	最小回转半径/mm	1674	3850
	后部最小回转半径/mm	1190	2940
	铲斗挖掘力/kN	13.9	163

1.1.3　液压挖掘机的工作特点

1. 优点

（1）技术性能高，工作装置品种多　液压挖掘机与同级机械挖掘机相比，挖掘力提高约 30%，因此在整机参数不变时，可适当加大铲斗容量，提高生产率。液压挖掘机的行走牵引力与机重比大大高于机械挖掘机，行速、爬坡能力也大有增强。即使陷于淤泥或土坑中，也可利用工作装置进行自救或跨越沟渠等障碍物，两侧履带可独立驱动，实现就地转向，使通过能力大大提高。

液压挖掘机可配装多种附属工作装置,如组合动臂、加长斗杆、双瓣铲斗、底卸式装载斗、伸缩式动臂推土铲、正铲斗、抓斗、液压锤、液压镐、压路机、开沟机、割草机、钻孔机、扫地机(扫雪机)、刨削机等,调换方便,减少了用户投入,提高了机器的可使用性。

(2)结构简单,易损件少,机重小 采用液压传动后,省去了机械挖掘机复杂的中间传动零部件,简化了机构并减少了易损件,传动装置紧凑,重量减轻,使转台、底架等结构件的尺寸和重量都相应降低,故同级的液压挖掘机比机械挖掘机总重量减轻30%~40%。如W-100型机械挖掘机机重41t,而WY100型挖掘机机重只有25t。

(3)传动性能,平稳、安全 采用液压传动后能无级调整且调整范围大(最高与最低速度之比可达1000∶1);能得到较低的稳定转速(采用柱塞式液压马达,稳定转速可低到1r/min);液压元件的运动惯性较小并可作高速反转(电动机运动部分的惯性力矩比其他驱动装置大50%,而液压马达则不大于5%;加速中等功率电动机需1s以上,而液压马达则只需0.1s)。因此,液压挖掘机在工作中换向频繁的情况下动作平稳,冲击很小,而液压油还能吸收部分冲击能量而减小冲击、振动。液压系统中还设置了各种安全阀,使机械工作过载或误操作时不至于发生事故或机械损坏,并改善机械结构件的受力情况。

(4)机构布置合理、紧凑 液压传动采用油管连接,各机构部件之间的相互位置不受传动关系的影响、限制,使机构的布置既满足传动要求,又达到结构件受力均衡、维修方便及附加平衡重尽可能少等,做到结构紧凑、外形美观,也易于改进、变形。

(5)操作简便、灵活 液压传动比机械传动操作轻便而灵活,尤其现在采用的液压伺服(先导阀)操纵,手柄操作力(不管主机多大)小于29.4N,而机械挖掘机(如W1001型)操作力达78.4~196N;采用先导阀后,操纵杆数大为减少,大大减轻了司机作业时的劳动强度;驾驶室与机棚完全隔开,噪声减小,视野良好,振动减轻,改善了司机的工作条件。

(6)易于实现"四化" 液压元件容易实现标准化、系统化、通用化、自动化,有利于提高产品质量和降低成本。

2. 缺点

1)对液压元件加工精度要求高,装配要求严格,制造较为困难。使用中系统出现故障时,现场排除较难,维修条件和技术要求较高。

2)液压油的黏度受温度影响较大,总效率较低,同时液压系统容易漏油,渗入空气后产生噪声和振动,使动作不稳,并对液压元件产生腐蚀作用。

◈◈◈ 1.2 液压挖掘机的结构与基本工作原理

1.2.1 液压挖掘机的结构

在现实中,反铲单斗液压挖掘机使用最广泛,它是一种周期作业的自行式土方机械。图1-7所示为其基本结构,由工作装置、回转机构、动力装置、传动操作机构、行走装置和辅助设备等组成。常用的全回转式(转角大于360°)挖掘机,其动力装置、传动机构的主要部分、回转机构、辅助设备和驾驶室等都装在可回转的平台上,简称上部转台。这类液压挖掘机由工作装置、上部转台和行走装置三大部分组成。常见液压挖掘机的构造如图1-8所示。

1. 工作装置

工作装置是直接完成挖掘任务的装置。它由动臂、斗杆、铲斗三部分铰接而成。动臂起落、斗杆伸缩和铲斗转动都用往复式双作用液压缸控制。为了适应各种不同施工作业的需要,液压挖掘机可以配装多种工作装置,如挖铲、抓斗、起重吊钩、电磁吸盘、夹钳、装载斗、破碎锤等,如图1-9所示。

2. 液压传动系统

液压传动系统通过液压泵将发动机的动力传递给液压马达、液压缸等执行元件,推动工作装置动作,从而完成各种作业。液压传动系统由液压泵、控制阀、液压缸、液压马达、管路、油箱等组成。

3. 电气控制系统

电气控制系统包括监控盘、发动机控制系统、泵控制系统、各类传感器、电磁阀等。

4. 回转与行走装置

回转与行走装置是液压挖掘机的机体,转台上部设有动力装置和传动系统。发动机是液压挖掘机的动力源,大多采用柴油机,在方便的场地,也可改用电动机。

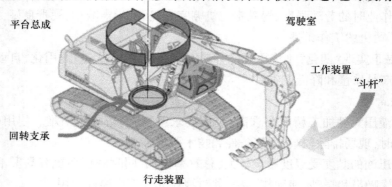

图1-7　液压挖掘机基本结构图

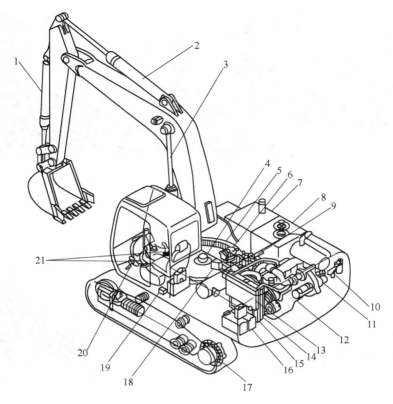

图1-8 液压挖掘机构造

1—铲斗液压缸 2—斗杆液压缸 3—动臂液压缸 4—中心接头 5—回转轴承 6—回转装置
7—燃油箱 8—液压油油箱 9—控制阀 10—先导过滤器(先导溢流阀) 11—泵装置
12—发动机 13—中冷器 14—散热器 15—油冷却器 16—蓄电池 17—行走装置
18—减振阀 19—先导截流阀 20—行走先导阀 21—前端/回转先导阀

1.2.2 液压挖掘机的基本工作原理

1. 动力系统工作原理

挖掘机的动力源是柴油发动机。柴油发动机是内燃机的一种,将柴油喷射到气缸内与空气混合,燃烧得到热能转变为机械能,即依靠燃料燃烧时的燃气膨胀推动活塞作直线运动,通过曲柄连杆机构使曲轴旋转,从而输出机械功。

动力系统包括发动机、散热器(液压油和发动机冷却水用)、空气过滤器、消声器、燃油箱等。发动机是机器动力之源,把燃油燃烧产生的热能通过曲柄连杆机构转变成机械能。散热器采用冷却空气从散热器正前方吸风的形式,增强散热效果;空气过滤器为二次过滤型加预滤器,防止粉尘进入,以适应多灰尘环境作业;消声器用于降低排气产生的噪声。燃油箱采用薄钢板焊接而成,外形与整机造型协调。

图 1-9　液压挖掘机配装多种工作装置
a)挖铲　b)抓斗　c)起重吊钩　d)电磁吸盘　e)夹钳　f)装载斗　g)破碎锤

2. 液压挖掘机的主要动作

主要动作有整机行走(前进和后退)、转台左右回转、动臂升降、斗杆外伸与挖掘、铲斗装料和卸载等,根据这些工作要求,把各液压元件用管路按照要求有序地连接起来,形成完整的液压系统,它把发动机的机械能以油液为工作介质,由液压泵转化为液压能,传送给液压缸、液压马达等执行元件,再转变为机械能,传送到执行机构,完成人们所要求的各种动作,如图1-10所示。

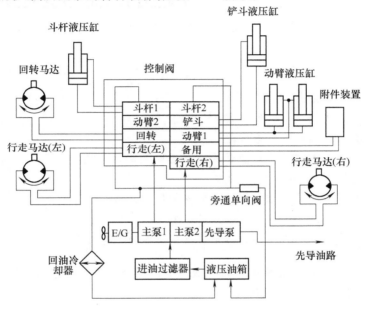

图1-10　液压挖掘机液压系统

复习思考题

1. 液压挖掘机的液压系统有何特点?
2. 简述液压挖掘机动力系统的工作原理。
3. 液压挖掘机动力系统由哪些部分组成?其各自作用是什么?
4. 单斗挖掘机的主要技术参数有哪些?
5. 什么是液压挖掘机的最大挖掘力?

第 2 章

液压挖掘机典型部件

 培训学习目标

1）熟悉液压挖掘机工作装置的结构组成。
2）掌握工作装置的拆装方法。
3）熟悉液压挖掘机回转装置的结构组成及传动方式。
4）掌握回转装置的拆装调整方法。
5）熟悉履带式液压挖掘机行走装置的结构组成。
6）掌握履带式液压挖掘机行走装置的传动方式。
7）掌握履带式液压挖掘机行走装置的拆装及调整方法。

工作装置是液压挖掘机的主要组成部分，种类繁多，可达100多种。工程建设中应用最多的是反铲和破碎器。

◆◆◆ 2.1　液压挖掘机的工作装置

2.1.1　反铲装置的结构

铰链式反铲是单斗液压挖掘机最常用的结构形式，由动臂、动臂液压缸、斗杆、斗杆液压缸、铲斗、铲斗液压缸、摇臂连杆以及有关管道、销轴等组成（图2-1），动臂、斗杆和铲斗彼此铰接，在液压缸的作用下，各部件绕铰接点摆动，完成各种作业动作。

1. 动臂

动臂是反铲的主要部件，其机构有整体式和组合式两种。

（1）整体式动臂　整体式动臂的优点是结构简单，质量小而刚度大。其缺点是更换的工作装置少，通用性较差，多用于长期作业条件相似的挖掘机上。整体式动臂又可分为直动臂和弯动臂。其中直动臂结构简单、质量小、制造方便，主要用于悬挂式液压挖掘机，但它不能使挖掘机获得较大的挖掘深度，不适用于通用挖掘机；弯动臂是目前应用最广泛的结构形式，与同长度的直动臂相比，可以使挖掘机有较大的挖掘深度，但降低了卸土高度，这正符合挖掘机反铲作业的要求。

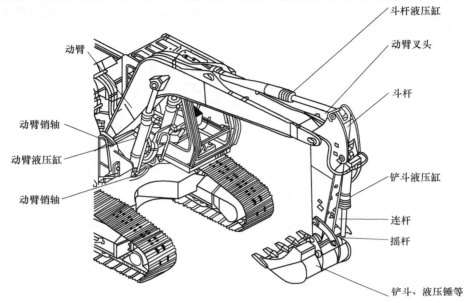

图 2-1　铰接式反铲装置的结构组成

（2）组合式动臂　如图 2-2 所示，组合式动臂用辅助连杆或液压缸 3 或螺栓连接而成。上、下动臂之间的夹角可用辅助连杆或液压缸来调节，虽然使结构和操作复杂，但在挖掘机作业中可随时大幅度调整上、下臂之间的夹角，从而提高挖掘机的作业性能，尤其在用反铲或抓斗挖掘窄而深的基坑时，容易得到较大距离的垂直挖掘轨迹，提高挖掘质量和生产率。组合式动臂的优点是，可以根据作业条件随意调整挖掘机的作业和挖掘力，且调整时间短。此外，它的互换工作装置多，可满足各种作业的需要，装车运输方便。其缺点是质量大，制造成本高，一般用于中、小型挖掘机上。

2. 铲斗

（1）基本要求

1）铲斗的纵向剖面形状应适应挖掘过程中各种物料在斗中的运动规律，有利于物料的流动，使装土阻力最小，有利于将铲斗装满。

2）装设斗齿，以增大铲斗对挖掘物料的线压比，斗齿应具有较小的单位切削阻力，以便于切入及破碎土壤。斗齿应耐磨、易于更换。

3）为使装进铲斗的物料不易掉出，斗宽与物料直径之比应大于 4:1。

4）物料易于卸净，缩短卸载时间，并提高铲斗有效容积。

（2）结构　反铲用的铲斗形状、尺寸与其作业对象有很大关系。为了满足各种挖掘作业的需要，在同一台挖掘机上可配以多种结构形式的铲斗，图2-3、图2-4 所示分别为反铲用铲斗的基本形式和常用结构。铲斗的斗齿采用装配式，其安装形式有橡胶卡销连接和螺栓连接，如图2-5 所示。

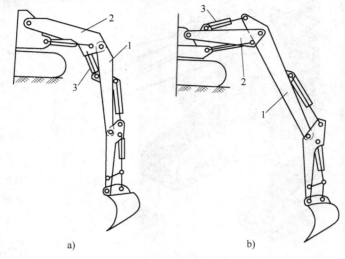

图 2-2　组合式动臂

a）连杆下置　b）连杆上置

1—下动臂　2—上动臂　3—辅助连杆或液压缸

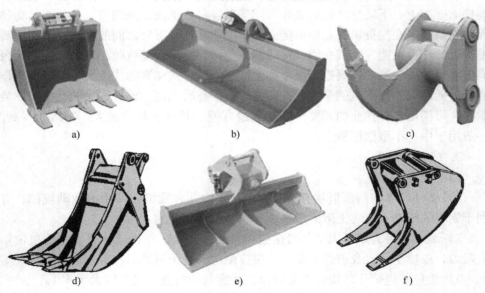

图 2-3　反铲斗基本形式

a）反铲斗　b）清沟铲　c）撕裂齿　d）驱逐铲　e）平土铲　f）撕裂铲

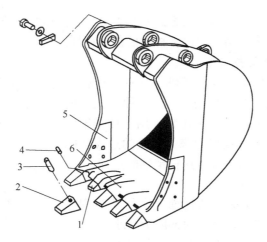

图 2-4 反铲斗常用结构

1—齿座 2—斗齿 3—橡胶卡销 4—卡销 5、6—斗齿板

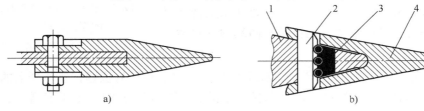

图 2-5 斗齿安装形式

a）螺栓连接 b）橡胶卡销连接

1—卡销 2—橡胶卡销 3—齿座 4—斗齿

铲斗与液压缸连接的结构形式有四连杆机构和六连杆机构，如图 2-6 所示。其中四连杆机构的连接方式是铲斗直接铰接于液压缸，使铲斗转角较小，工作

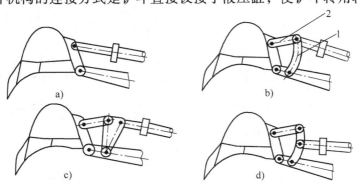

图 2-6 铲斗与液压缸的连接方式

a）四连杆机构 b）、c）、d）六连杆机构

1—摇杆 2—推杆

力矩变化较大；六连杆机构连接方式的特点是，在液压缸活塞杆行程相同的条件下，铲斗可获得较大转角，并改善机构的传动特性。

2.1.2 铲斗的更换与安装

铲斗通过斗杆销轴和连杆销轴与斗杆和连杆相连（图 2-7）。更换铲斗实际上就是拆下斗杆销轴与连杆销轴，卸下原来使用的铲斗，然后把另外的铲斗或工作装置用斗杆销轴和连杆销轴与斗杆和连杆连接起来。更换的过程实际上就是拆卸和安装斗杆销轴和连杆销轴的过程。

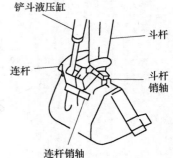

图 2-7 铲斗与斗杆和连杆的连接方式

1. 更换铲斗的步骤

1）将铲斗下放在平坦的地面上，使铲斗刚好与地面接触，这样在拆卸销轴时的阻力最小。

2）拆卸斗杆销轴和连杆销轴。把斗杆销轴和连杆销轴上的锁紧螺栓的双螺母拆下，然后卸下斗杆销轴和连杆销轴，并卸下铲斗。要注意保持斗杆销轴和连杆销轴的清洁，保持轴套两端的密封件不被损坏。

3）安装装备使用的铲斗或其他工作装置。改变斗杆的位置，使斗杆上的孔与铲斗上的孔对正，连杆上的孔与铲斗上的孔对正（图 2-8），涂上润滑脂，安装上斗杆销轴和连杆销轴。

销轴的安装过程与拆卸的顺序相反。

安装斗杆销轴时，应在图 2-9 所示的位置上安装一个 O 形环，插入斗杆销轴后，再把 O 形环装入合适的槽中。

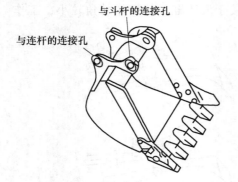

图 2-8 铲斗上的连接孔

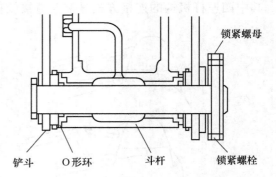

图 2-9 安装斗杆销轴时 O 形环的位置

安装连杆销轴时，先把 O 形环装入合适的槽中，再插入连杆销轴。

4）安装各销轴的销紧螺栓和螺母，然后在销轴上由黄油嘴加入润滑脂。

2. 更换铲斗过程中应注意的事项

1）用锤子敲击销轴时，金属屑可能会飞入眼中，造成严重伤害。当进行这种操作时，要始终带上护目镜、安全帽、手套和其他防护用品。

2）卸下铲斗时，要把铲斗稳定地放好。

3）用力敲击销轴，销轴可能会飞出并伤害周围的人员。因此，在敲击销轴之前，应确保周围人员的安全。

4）拆卸销轴时，要特别注意不要站在铲斗下面，也不要把脚或身体的任何部位放在铲斗的下面；拆下或安装销轴时，注意不要碰伤手。

5）对正孔时，不要把手指放入销孔。

6）更换铲斗前，要把机器停在坚实平整的地面上。进行连接工作时，为安全起见，与进行连接工作的有关人员之间，要彼此弄清信号并仔细工作。

◇◇◇ 2.2　液压挖掘机的回转装置

液压挖掘机的回转装置由转台、回转支承和回转机构等组成。回转机构使工作装置及上部转台向左或向右回转，以便进行挖掘和卸料。单斗液压挖掘机的回转机构必须能把转台支承在机架上，回转轻便灵活，不能倾斜。

回转支承的外座圈用螺栓与转台连接，带齿轮的内座圈与底架用螺栓连接，内、外座圈之间设有滚动体。挖掘机工作装置作用在转台上的垂直载荷、水平载荷和倾覆力矩通过回转支承的外座圈、滚动体和内座圈传给底架。回转机构的壳体固定在转台上，用小齿轮与回转支承内座圈上的齿圈相啮合。小齿轮既可绕自身的轴线自转，又可绕转台中心线公转；回转机构工作时转台相对底架进行回转。

液压挖掘机的回转传动装置如图 2-10 所示。

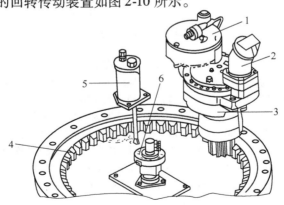

图 2-10　液压挖掘机的回转传动装置

1—制动器　2—液压马达　3—行星齿轮减速器　4—回转齿圈

5—润滑油杯　6—中央回转接头

2.2.1　回转机构

液压挖掘机通常采用制动阀、回转马达和回转减速器等来实现上部转台360°全方位回转，其回转机构如图 2-11 所示。

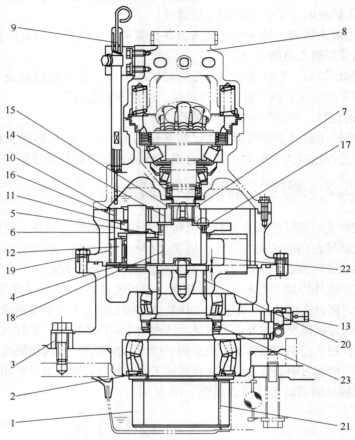

图 2-11　回转机构

1—回转小齿轮　2—隔片　3—壳体　4—2 号行星架　5—2 号太阳轮　6—齿圈　7—1 号太阳轮
8—回转马达　9—油位计　10—1 号行星轮　11—1 号行星架　12—2 号行星轮　13—排放螺塞
14—回转马达和 1 号行星轮间的齿隙　15—1 号太阳轮和 1 号行星轮间的齿隙
16—1 号行星轮和齿圈间的间隙　17—1 号行星架和 2 号太阳轮间的齿隙
18—2 号太阳轮和 2 号行星轮间的齿隙　19—2 号行星轮和齿圈的齿隙
20—2 号行星架和回转小齿轮间的齿隙　21—回转小齿轮和回转支承间的齿隙
22—板和行星架间的齿隙　23—油封

1. 回转马达

（1）斜轴式柱塞马达　斜轴式柱塞马达（图 2-12）与直轴式行走马达一样，也是通过对往复运动的柱塞施加高压油液所产生的反作用力产生转矩。斜轴式柱塞马达的缸体和驱动轴之间成一定角度，反作用力加在驱动轴法兰上。具体过程如下：

进口油液压力引起柱塞推力→驱动轴法兰柱塞，推力在轴上产生转矩→万向联轴器保持对正，使轴和缸体总是一起旋转→油液被柱塞孔带到出口，并在柱塞被轴法兰推动退入时被挤出→柱塞排量和转矩大小取决于角度 θ。

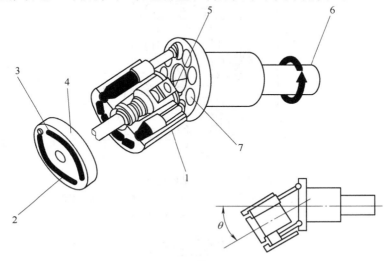

图 2-12　斜轴式柱塞马达

1—缸体　2—通出口　3—通进口　4—配流盘　5—万向联轴器
6—轴　7—驱动轴法兰柱塞

（2）斜盘式轴向柱塞马达　斜盘式轴向柱塞马达（图 2-13）主要零件有固定斜盘 5、缸体 9、柱塞 8、配流盘 3、外壳 6 和制动器等。制动器是湿式多片制动器，由中心板 1 和摩擦片 2 组成。滑靴 4 嵌入每个柱塞 8，而缸体 9 共有 9 个带滑靴的柱塞。缸体 9 通过花键装在轴 7 上。

回转马达的转速变化取决于液压泵输出流量的大小。液压泵输出的油液从柱塞马达进油口 A 流入，使柱塞向下移动，然后滑靴 4 沿着固定斜盘 5 滑动，使柱塞 8 在缸体 9 内作直线往复运动。当高压油从进油口进入回转马达时，带动回转马达输出轴旋转，转矩通过轴 7 传到回转减速箱，带动上部转台旋转。回油从回转马达出口流出，然后返回液压油箱。当高压油以与上述情况相反的方向进入回转马达时，回转马达则反方向旋转，上部转台也反向回转。

2. 回转减速箱

回转减速箱是二级行星齿轮减速箱，其结构如图 2-14 所示。第一级齿圈 2 和第二级齿圈 4 装在外壳里面。外壳用螺栓固定在支架上，因而第一级齿圈 2 和第二级齿圈 4 是固定不动的。马达输出轴 10 驱动第一级太阳轮 9，然后通过第一级行星轮 1 和第一级行星架 8 传至第二级太阳轮 7。第二级太阳轮通过第二级行星轮 3 和第二级行星架 6 驱动传动轴（输出轴）5。

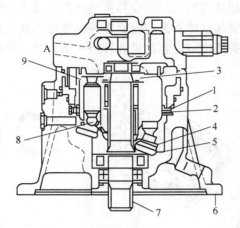

图 2-13　斜盘式轴向柱塞马达

1—中心板　2—摩擦片　3—配流盘　4—滑靴　5—固定斜盘

6—外壳　7—轴　8—柱塞　9—缸体

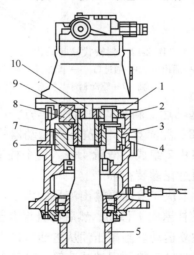

图 2-14　回转减速箱

1—第一级行星轮　2—第一级齿圈　3—第二级行星轮

4—第二级齿圈　5—传动轴（输出轴）　6—第二级行星架

7—第二级太阳轮　8—第一级行星架　9—第一级太阳轮　10—马达输出轴

　　由于传动轴（输出轴）通过齿轮与回转轴承的齿圈啮合，而回转轴承又是用螺栓固定在底座上，从而带动上部转台回转。

3. 回转机构的分类

液压挖掘机回转机构,按液动机的机构形式分为高速方案和低速方案两类。

(1) 高速方案　由高速液压马达经齿轮减速箱带动回转小齿轮绕回转支承上的固定齿圈滚动,促使转台回转的称为高速方案。图 2-15 所示为斜轴式高速液压马达驱动的回转机构传动简图。

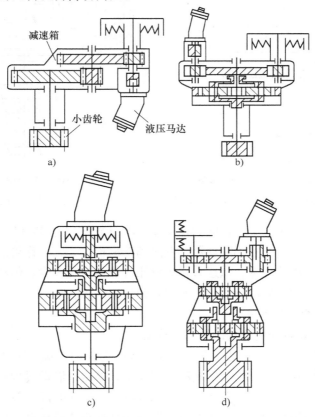

图 2-15　斜轴式高速液压马达驱动的回转机构传动简图
a) 两级正齿轮传动　b) 一级正齿轮和一级行星齿轮传动
c) 两级行星齿轮传动　d) 一级正齿轮和两级行星齿轮传动

图 2-16 所示为具有行星摆线针轮减速器的斜轴式液压马达驱动的回转机构传动简图。该回转机构的特点是机构紧凑、速比大、过载能力强。

(2) 低速方案　由低速大转矩液压马达直接带动回转小齿轮促使转台回转的方案称为低速方案。这种方案采用的液压马达通常为内曲线式、静力平衡式和行星柱塞式等。图 2-17 所示为内曲线多作用液压马达直接驱动的回转机构。低速大转矩液压马达的制动性能较好,不需要另外的制动器。

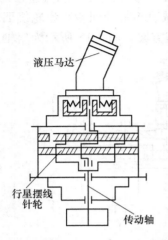

图 2-16　具有行星摆线针轮减速器的
斜轴式液压马达驱动的回转机构传动简图

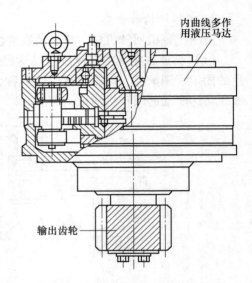

图 2-17　内曲线多作用液压马达直接
驱动的回转机构

高速方案和低速方案各自的特点如下：高速液压马达具有体积小、效率高、不需背压补油、便于设置小制动器、发热和功率损失小、工作可靠、可以与轴向柱塞泵的零件通用等优点；低速大转矩液压马达具有零件少、传动简单、起动与制动性能好、对油污的敏感性小、使用寿命长等优点。

4. 回转机构的制动方式

1）液压挖掘机回转机构的制动方式见表 2-1。

2）回转机构制动方式的特点。制动方式的选择与挖掘机工作情况和回转液压马达的结构形式有关，纯液压制动结构简单、紧凑，制动过程平稳，但转台转角和制动位置不易控制，制动所产生的油温较高，回转时间也较长。纯液压制动的回转机构，一般在转台和底架之间设置有一个插销式机械锁，以保障机械在长期停车、长距离行驶或在坡道上停止时不会因液压马达的泄漏而自行转动。

液压制动加机械制动可加大制动力矩，减少制动时间，定位准确，制动油温不高。与纯机械制动相比，在制动力矩相同的情况下，可减小机械制动器的尺寸。

对于纯机械制动，转台位置容易控制，制动力矩大，制动时间短，工作比较可靠，制动时转台的转动惯量几乎全部转变为机械制动器的摩擦能，而不像前两种制动方式那样，即转台的转动惯量变为液压系统中油的热量，但其结构复杂，也不像液压制动那样可以吸收冲击。

液压加机械制动应用最为广泛，而纯液压制动的应用则限于低速大转矩液压马达驱动的回转机构。

表 2-1　液压挖掘机回转机构的制动方式

驱动方式	转台可否自由回转	回转制动方式	传动方式代号
定量泵	不可	液压制动	A
		液压 + 机械制动	B
	可	机械制动	C
定量泵配液压蓄能器	不可	液压制动	D
		液压 + 机械制动	E
	可	机械制动	
分功率调节器	不可	液压制动	F
		液压 + 机械制动	G
	可	机械制动	H
全功率调节器	不可	液压制动	I
		液压 + 机械制动	J
	可	机械制动	K

2.2.2　转台

1. 转台结构

转台的主要承载部分是由钢板焊接成的抗扭、抗弯刚度很大的箱形框架结构纵梁。动臂及其液压缸就支承在主梁的凸耳上。大型挖掘机的动臂多用双凸耳式。纵梁下有衬板和支承环与回转支承连接，左右侧焊有小框架作为附加承载部分。转台支承处应有足够的刚度，以保证回转支承正常运转。转台结构如图 2-18 所示。

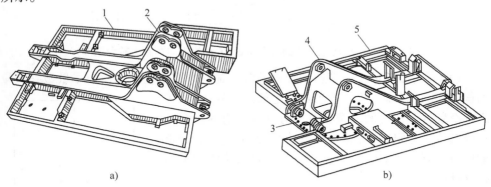

a)　　　　　　　　　　　　　　　　　b)

图 2-18　转台结构
a) 双凸耳式　b) 单凸耳式
1、5—主梁　2、4—凸耳　3—支承环

2. 转台布置

液压挖掘机作业时，转台上部自重和载荷的合力位置是经常变化的，并偏向载荷方面（图 2-19、图 2-20）。为平衡载荷力矩，转台上的各个装置需要合理布置，并在尾部设置配重，以改善转台下部结构的受力，减轻回转支承的磨损，保证整机的稳定性。

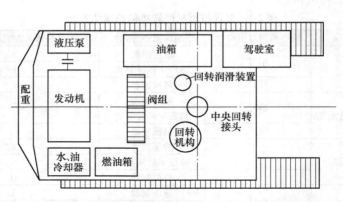

图 2-19 全液压挖掘机的转台布置（发动机横向布置于转台尾部）

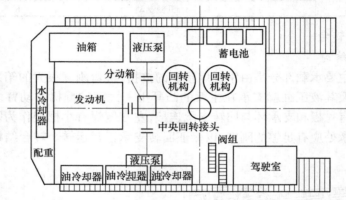

图 2-20 半液压挖掘机的转台布置（发动机纵向布置于转台尾部）

（1）转台布置原则 液压挖掘机转台布置的原则是左、右对称，尽量做到质量均衡，较重的总成、部件靠近转台尾部。此外，还要考虑各个装置工作上的协调和维修方便等。有时转台布置受结构尺寸限制，质心偏离纵轴线，致使左右履带接地比压不等，因而影响行走架结构强度和液压挖掘机行驶性能。

此时，可通过调整配重的质心位置来解决。调整配重横向位置如图 2-21 所示，其中 x 与 x' 分别为转台质心与配重质心偏离纵轴线的距离。

（2）偏距的确定原则 确定配重偏距的方法如图 2-22所示。确定原则是：使液压挖掘机重载、大幅度作业时的转台上部合力 F_R 的偏距 e 与其空载、小幅度时的

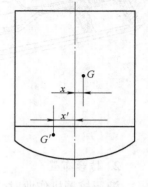

图 2-21 调整配重横向位置

合力 F_R' 的偏距 e' 大致相等。

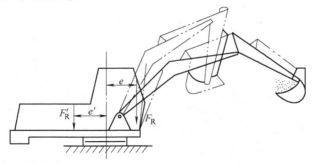

图 2-22　确定配重偏距的方法

◇◇◇◇ 2.3　液压挖掘机履带式行走装置

　　液压挖掘机的行走装置,按结构可分为履带式和轮胎式两大类,履带式应用较多。

　　履带式行走装置的特点是,驱动力大(通常每条履带的驱动力可达机重的35%~45%),接地比压小(40~50kPa),因而越野性能及稳定性好,爬坡能力强(一般为50%~80%,最大的可达100%),且转弯半径小,灵活性好。履带式行走装置在液压挖掘机上使用较为普遍。但履带式行走装置制造成本高,运行速度低,运行和转向时功率消耗大,零件磨损快,因此,挖掘机长距离运行时需借助其他运输车辆。

　　轮胎式行走装置与履带式相比,优点是运行速度快、机动性好,施工时需要用专门的支腿支承,以确保挖掘机的稳定性和安全性。

2.3.1　履带式行走装置的结构组成

　　1. 动力传动机构

　　动力传动机构如图 2-23 所示,其液压泵输出的压力油经过控制阀、中央回转接头流入安装在左、右行走架上的液压马达,进而使驱动轮转动,实现液压挖掘机行走。

　　2. 转向装置

　　转向装置是改变机身行进方向的装置。履带式液压挖掘机的行走操作是:同时向前推(或向后拉)左、右行走操作杆,液压挖掘机前进(或后退);如只操纵一个操纵杆,则只能驱动一侧行走的液压马达,液压挖掘机就向左(或向右)进行方向偏转;将一个操纵杆向前推,另一个操纵杆向后拉,液压挖掘机则原地回转。

　　3. 行走变速机构

　　两速液压挖掘机具有行走变速机构,通过驾驶室内控制台上的开关进行高低速转换。其中高速适用于液压挖掘机长距离移动,低速适用于液压挖掘机在作业现场内的移动、上下陡坡的移动以及从潮湿地段的撤离。

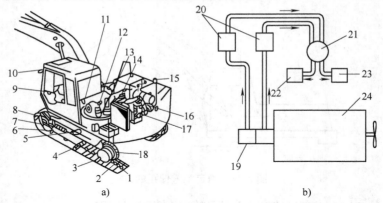

图 2-23　动力传动机构
a）结构　b）控制回路

1—履带　2—履带板　3—行走装置　4—支重轮　5—托链轮　6—行走架　7—张紧弹簧　8—张紧轮
9—操纵杆　10—驾驶室　11—回转支承　12、21—回转接头　13—回转装置　14、20—控制阀
15—液压油箱　16、19—液压泵　17、24—发动机　18—驱动轮　22—左行走马达　23—右行走马达

4. 制动器

一般情况下，行走操纵杆（或者踏板）置于空档时，液压挖掘机行走系统的液压回路关闭，行走马达不工作，制动器即起制动作用。行走装置为轮胎式，从安全的角度考虑，另外安装了机械式制动器或锁紧装置，作为手制动器。

5. 履带式行走装置

（1）行走原理　履带式液压挖掘机液压马达的动力经减速装置传给驱动轮，卷绕履带而实现行走。

（2）组成　履带式行走装置由"四轮一带"（即驱动轮、导向轮、支重轮、托链轮及履带）、张紧装置和缓冲弹簧、行走机构、行走架（包括底架、横梁和履带架）等组成，如图 2-24 所示。

挖掘机运行时驱动轮在履带的紧边——驱动段及接地段（支承段）产生一拉力，企图把履带从支重轮下拉出，由于支重轮下的履带与地面间有足够的附着力，阻止履带的拉出，迫使驱动轮卷动履带，导向轮再把履带铺设到地面上，从而使挖掘机支重轮沿着履带轨道向前运行。

挖掘机转向时由安装在两条履带上、分别由两台液压泵供油的行走马达通过对油路的控制，很方便地实现转向，以适应挖掘机在各种地面、场地上运动。图 2-25 所示为履带式液压挖掘机的转向情况；图 2-25a 所示为两个行走马达旋转方向相反、挖掘机就地转向；图 2-25b 所示为液压泵仅向一个行走马达供油，挖掘机则绕着一侧履带转向。

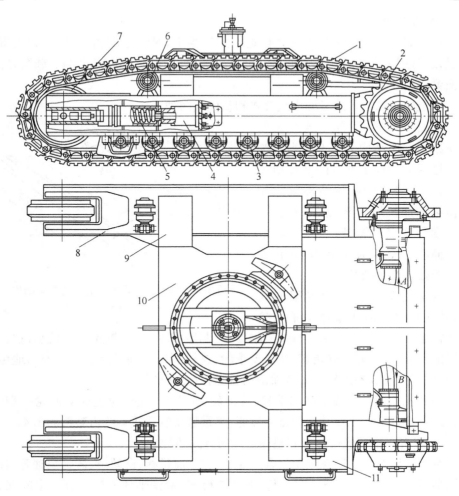

图 2-24　履带式行走装置

1—履带　2—驱动轮　3—支重轮　4—张紧装置　5—缓冲弹簧
6—托链轮　7—导向轮　8—履带架　9—横梁　10—底架　11—行走架

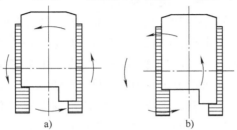

图 2-25　履带式液压挖掘机的转向情况

a)就地转向　b)绕一侧履带转向

（3）主要部件

1）行走架。行走架是履带式行走装置的承重骨架，它由底架、横梁和履带架组成，通常用16Mn钢板焊接而成。底架连接转台，承受挖掘机上部的载荷，并通过横梁传给履带架。

行走架按结构形式可分为组合式和整体式两种。

如图2-26所示，组合式行走架的底架为框架结构。优点为当需要改善挖掘机的稳定性和降低接地比压时，不需要改变底架结构就能加宽横梁和加长履带架，从而安装不同长度和宽度的履带；缺点是履带架截面削弱较多，刚度较差，并且截面削弱处易产生裂缝。

为了克服组合式行走架的缺点，越来越多的液压挖掘机采用整

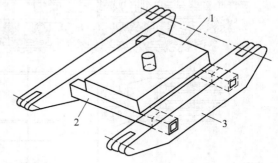

图2-26　组合式行走架的底架为框架结构
1—底架　2—横梁　3—履带架

体式行走架。它结构简单、自重轻、刚度大、制造成本低、支重轮直径较小，在行走装置的长度内，每侧可安装5～9个支重轮，这样可使挖掘机上部重量均匀地传至地面，便于在承载能力较低的地面使用，提高行走性能。

2）四轮一带。由履带和驱动轮、导向轮、支重轮、托链轮组成的四轮一带，直接关系到挖掘机的工作性能和行走性能，其重量及制造成本约占整机的1/4。

① 履带。挖掘机的履带有整体式和组合式两种。

目前液压挖掘机广泛采用组合式履带，它由履带板、链轨节、履带销轴等组成，如图2-27所示，左、右链轨节与销套配合连接，履带销轴插入销套有一定间隙，以便转动灵活，其两端与另两个链轨节孔为紧配合。锁紧履带销与链轨节孔为动配合，便于整个履带的拆装，组合式履带的节距小，绕转性好，使挖掘机的行走速度较快，销轴和衬套硬度较高、耐磨，使用寿命长。

履带板的形式有单筋履带板、双筋履带板、半双筋履带板、三筋履带板、岩石场地用履带板、沼泽地用履带板，如图2-28所示。其适用范围为：单筋履带板有一条较大的凸筋，牵引力大，是履带式工程建设机械的标准件；双筋履带板有两条凸筋，车身的回转性好；半双筋履带板牵引力和回转性能两者兼备；三筋履带板回转性能好，适于在坚固的场地和采石场作业；岩石场地用履带板带有防侧滑棱，适用于基岩上的作业；沼泽地用履带板的板宽加大，增大了接地面积，适于沼泽地和软地基上的作业。

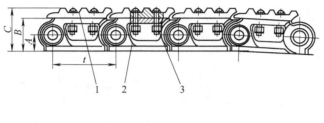

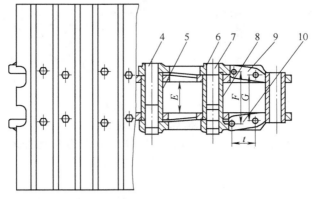

图 2-27　组合式履带

1—履带板　2—螺栓　3—螺母　4—履带销轴　5—销套

6—锁紧销垫　7—锁紧履带销　8—锁紧销套　9—左链轨节　10—右链轨节

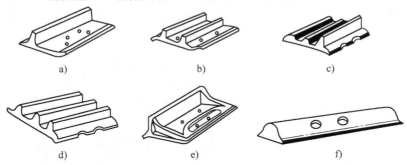

图 2-28　履带板形式

a)单筋履带板　b)双筋履带板　c)半双筋履带板

d)三筋履带板　e)岩石场地用履带板　f)沼泽地用履带板

　　② 支重轮。支重轮将挖掘机重量传给地面,挖掘机在不平路面上行驶时支重轮经常承受地面冲击力,因此支重轮所受载荷较大。此外,支重轮的工作条件也较恶劣,经常处于尘土中,有时还浸泡在泥水中,故要求有良好的密封和耐磨性。支重轮多采用滑动轴承支承,并用浮动油封防尘。

　　支重轮的结构如图 2-29 所示,通过两端轴座固定在履带架上。支重轮的轮边凸缘起夹持履带的作用,以免履带行走时横向脱落。为了在有限的长度上多安排几个支重轮,往往把支重轮中的几个做成无外凸缘的,并把有、无凸缘的支重轮交替排列。

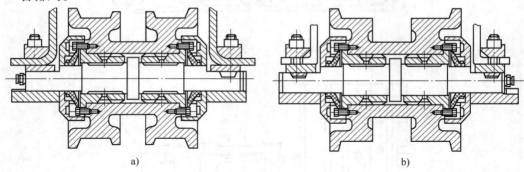

图 2-29　支重轮的结构

a)双轮缘　　b)单轮缘

润滑滑动轴承及油封的润滑脂从支重轮体中间的螺塞孔加入,通常在一个大修期间只加注一次,简化了挖掘机平时的保养工作。

托轮结构与支重轮基本相同。

③ 导向轮。导向轮用来引导履带正确绕转,防止其跑偏和越轨。多数液压挖掘机的导向轮同时起到支重轮的作用,这样可增加履带对地面的接触面积,减小接地比压。导向轮的轮面制成光面,中间有挡肩环作为导向用,两侧的环面则支承轨链。导向轮与最靠近的支重轮的距离越小,则导向性能越好,其结构如图 2-30 所示。

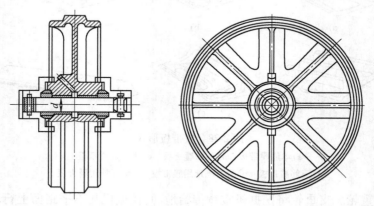

图 2-30　导向轮结构

为了使导向轮充分发挥作用并延长其使用寿命,其轮面对中心孔的径向圆跳动要求不大于 3mm,安装时要正确对中。

④ 驱动轮。液压挖掘机发动机的动力是通过行走马达和驱动轮传给履带的,

因此驱动轮应与履带的轨链啮合正确、传动平稳,并且当履带因销套磨损而伸长时仍能很好地啮合。

驱动轮通常位于挖掘机行走装置的后部,使履带的张紧段较短,以减小其磨损和功率消耗。

驱动轮的结构按轮体构造可分为整体式和分体式两种。分体式驱动轮(图 2-31)的轮齿被分为 5~9 片齿圈,这样部分轮齿磨损时不必卸下履带便可更换,在施工现场修理方便且降低了挖掘机的维修成本。

按轮齿节距的不同,驱动轮有等节距和不等节距两种。其中等节距驱动轮使用较多,而不等节距驱动轮则是新型结构,它的齿数较少,且有两个齿的节距较小,其余齿的节距均相等,如图 2-32 所示。

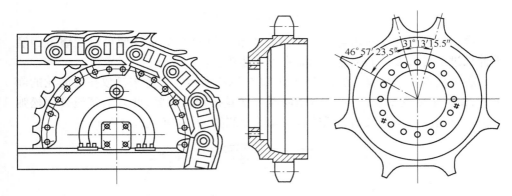

图 2-31　分体式驱动轮　　　　　图 2-32　不等节距驱动轮

不等节距驱动轮在履带包角范围内只有两个轮齿同时啮合,并且驱动轮的轮面与链轨的节踏面相接触,因此一部分驱动转矩便由驱动轮的轮面来传递,同时履带中最大的张紧力也由驱动轮轮面承受,这样就减小了轮齿的受力与磨损,提高了驱动轮的使用寿命。

3)张紧装置。液压挖掘机的履带式行走装置使用一段时间后,由于链轨销轴的磨损会使节距增大,并使整个履带伸长,导致摩擦履带架、履带脱轨、行走装置噪声增大等,影响挖掘机的行走性能。因此,每条履带必须装设张紧装置,使其始终保持一定的张紧度。

目前,在液压挖掘机的履带式行走装置中,广泛采用液压张紧装置。如图 2-33 所示,将润滑脂注入液压缸,使活塞杆外伸,一端移动导向轮,另一端压缩弹簧。预紧后的弹簧留有适当的行程,起缓冲作用。图 2-33a 所示为液压缸直接预紧弹簧,结构简单,但外形尺寸较长;图 2-33b 所示为液压缸活塞杆置于弹簧当中,缩短了外形尺寸,但零件数多。

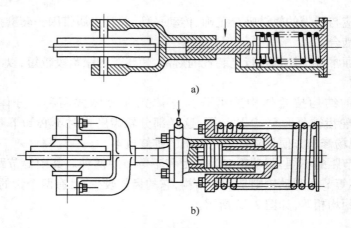

图 2-33　液压张紧装置

　　导向轮前后移动的调整距离略大于履带节距的 1/2，这样便可以在履带因磨损伸长过多时去掉一节链轮后仍能将履带连接上。

　　履带松紧度调整应适当，检查方法如图 2-34 所示。先将木楔放在导向轮的前下方，使行走装置制动，然后缓慢驱动履带使其接地段张紧，此时上部履带便松弛下垂。下垂度可用直尺搁在托轮和驱动轮上测得，通常应不超过 4cm。

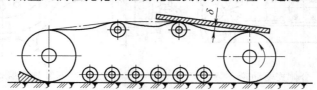

图 2-34　履带松紧度检查方法

2.3.2　履带式行走装置的传动方式

　　履带式行走装置的传动方式为液压传动，每条履带各自有驱动的液压马达及减速装置。由于两个液压马达可以独立操纵，因此，挖掘机的左、右履带除了可以同时前进、后退或实现一条履带驱动、一条履带停止的转向外，还可以进行反方向驱动，使挖掘机实现就地转向，提高了灵活性。

　　履带式行走装置的传动方式与回转机构相似，可分为高速和低速两种方案。高速方案通常采用定量轴向柱塞式、叶片式或齿轮式液压马达，通过多级正齿轮或正齿轮和行星齿轮组合的减速器，最后驱动履带的驱动轮。

◇◇◇ 2.4　技能训练实例

技能训练 1　液压挖掘机工作装置的安装操作（表 2-2）

表 2-2　液压挖掘机工作装置的安装操作

序号	工艺步骤	安装内容	图　示	装配要点及检测要求
1	工作装置部装	1）铲斗总成安装 2）连杆总成安装 3）斗杆总成安装 4）动臂总成安装	确保各孔干净、无污物	1）安装时隔套的油孔与座上的油孔对准 2）密封圈唇形向外安装 3）隔套通油槽的端面向内安装 4）隔套安装时不允许敲击，用压力机压入
2	工作装置连接（一）	1）动臂液压缸与回转平台连接 2）斗杆液压缸与动臂连接 3）连杆与斗杆连接 4）挖斗液压缸与连杆连接		1）调整垫根据需要选装，确保轴向单边间隙小于 1.5mm 2）螺栓 M16×120 的紧固力矩为 228～273 N·m；锁紧螺母 M16 与定位套的间隙为 2～5mm
3	工作装置连接（二）	1）动臂与机身连接 2）动臂液压缸与动臂连接 3）斗杆与动臂连接 4）斗杆液压缸与斗杆连接	注意：安装应保证活动自如及受力程度一致	调整垫根据需要选装，确保轴向单边间隙小于 1.5mm

（续）

序号	工艺步骤	安装内容	图　示	装配要点及检测要求
4	工作装置连接（三）	铲斗连接	注意：安装前将各连接孔清理干净	加注润滑脂时应能使其从轴端溢出，并将溢出的润滑脂擦拭干净
5	工作装置布管（一）	液压系统布管		1）液压元件在装配前、装配中必须保证其清洁度 2）液压元件油口必须封口存放 3）接头紧固必须符合紧固力矩要求 4）装配前所有管件、接头应清洗干净 5）软硬管路布置应整齐，安装软管时不允许轴向旋转变形
6	工作装置布管（二）	润滑系统布管		1）软硬管路布置应整齐，安装软管时不允许轴向旋转变形 2）各润滑点最近的螺母先不旋紧，待润滑脂被挤到此后再旋紧

技能训练 2　液压挖掘机回转装置的安装操作（表 2-3）

表 2-3　液压挖掘机回转装置的安装操作

序号	工艺步骤	安装内容	图　示	装配要点及检测要求
1	回转支承安装	回转机构	装配前将回转支承、支承面、各孔清洗干净　注意：内外齿圈应转动灵活，无异响	1）在转台和车架的接合面上涂金属粘结剂，在螺栓螺纹处涂螺纹胶 2）回转支承内、外圈软带区应置于转台的左（或右）侧位置，吊装到位后，用塞尺检测贴合面的平面度，周圈应贴合均匀，间隙不大于 0.19mm 3）拧紧回转支承螺栓时，应在180°方向上对称连续进行，先预紧一遍，最后通紧一遍，M22 螺栓的预紧力矩为550N·m，拧紧力矩为700N·m
2	回转马达部装	回转马达接头	M　DR　PG　SH　B　A	1）装配前须将各管接头、管件及液压元件内壁清洗干净，用压缩空气吹干 2）装配过程中，各液压元件若不能立即装配，应用专用塞堵好 3）各螺栓、接头按装配工艺的力矩要求拧紧

35

（续）

序号	工艺步骤	安装内容	图　示	装配要点及检测要求
3	回转减速机安装	回转机构	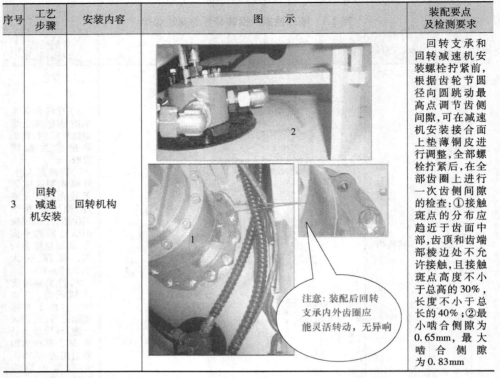	回转支承和回转减速机安装螺栓拧紧前，根据齿轮节圆径向圆跳动最高点调节齿侧间隙，可在减速机安装接合面上垫薄铜皮进行调整，全部螺栓拧紧后，在全部齿圈上进行一次齿侧间隙的检查：①接触斑点的分布应趋近于齿面中部，齿顶和齿端部棱边处不允许接触，且接触斑点高度不小于总高的30%，长度不小于总长的40%；②最小啮合侧隙为0.65mm，最大啮合侧隙为0.83mm

技能训练3　液压挖掘机履带式行走装置的安装操作（表2-4）

表2-4　液压挖掘机履带式行走装置的安装操作

序号	工艺步骤	安装内容	图　示	装配要点及检测要求
1	支重轮、夹轨器装配	1）支重轮安装 2）夹轨器安装	注意：安装前将各连接孔清理干净	1）安装螺栓前在螺纹处涂螺纹密封胶 2）装配支重轮螺栓时必须交叉轮番逐次拧紧 3）夹轨器M16螺栓的拧紧力矩为310N·m 4）支重轮M18螺栓的拧紧力矩为420N·m

（续）

序号	工艺步骤	安装内容	图　　　示	装配要点及检测要求
2	张紧轮、驱动轮装配	1）张紧轮安装 2）驱动轮安装 3）托链轮安装 4）中心回转体安装	注意：应保证活动及受力程度一致	1）安装各螺栓前在螺纹处涂螺纹密封胶 2）装配驱动链轮与驱动马达螺栓时必须交叉轮番逐次拧紧 3）托链轮、驱动链轮与驱动马达 M16 螺栓的拧紧力矩为 310N·m 4）中心回转体、驱动马达在装配前、装配中必须封好油口，保证其清洁度
3	下车液压管路连接	1）行走马达接头安装 2）中心回转体接头安装 3）液压胶管安装		1）液压元件在装配前、装配中必须封好油口，保证其清洁度 2）管路布置应整齐，根据实际情况安排扎带位置
4	履带连接、盖板安装	1）马达盖板安装 2）油口盖板安装 3）底盖安装 4）外侧盖板安装 5）履带对接	注意：安装履带时应保证履带两边张紧程度一致	1）装配履带总成时，应使履带下平面链轨节大头朝向驱动轮方向 2）履带张紧程度：履带下垂量为 20～30mm

复习思考题

1. 简述整体式动臂的特点。
2. 更换铲斗过程中应注意的事项是什么？
3. 高速方案和低速方案各有何特点？
4. 转台布置原则是什么？
5. 试述偏距的确定原则。
6. 试述履带式行走装置的特点。
7. 导向轮的作用有哪些？
8. 试述履带张紧度调整适当的检查方法。

第3章

挖掘机液压系统

 培训学习目标

1）熟悉挖掘机液压系统的组成。

2）掌握挖掘机液压系统的工作方式。

3）掌握挖掘机液压元件结构特点及相互关系。

4）分析挖掘机液压系统主要工作回路的工作原理。

5）熟悉挖掘机各种液压系统的结构及原理。

6）明确 XE 系列中型挖掘机液压系统的工作特点。

7）正确分析 XE 系列中型挖掘机液压系统的工作原理。

8）完成挖掘机液压系统的安装调整。

液压挖掘机由发动机的旋转运动转变为动臂、斗杆和铲斗的复杂运动、行走和上部机体的回转运动，通过液压传动来实现这种能量转变和运动传递。

◇◇◇ 3.1 挖掘机液压系统的组成

挖掘机的液压系统是按照挖掘机工作装置和各个机构的传动要求，把各种液压元件用管路有机地连接起来的组合体。其功能是，以油液为工作介质，利用液压泵将发动机的机械能转变为液压能并进行传送，然后通过液压缸和液压马达等，将液压能再转换为机械能，实现挖掘机的各种动作。

3.1.1 基本要求

液压挖掘机的动作复杂，主要机构经常起动、制动、换向，负载变化大，冲击和振动频繁，而且野外作业时，温度和地理位置变化大，因此根据挖掘机的工作特点和环境特点，液压系统应满足如下要求：

1）保证挖掘机动臂、斗杆和铲斗可以各自单独动作，也可以互相配合实现复合动作。

2）工作装置的动作和转台的回转既能单独进行，又能作复合动作，以提高挖掘机的生产率。

3）履带式挖掘机的左、右履带分别驱动，使挖掘机行走方便、转向灵活，并且可就地转向，以提高挖掘机的灵活性。

4）保证挖掘机的一切动作可逆，且无级变速。

5）保证挖掘机工作安全可靠，且各执行元件（液压缸、液压马达等）有良好的过载保护；回转机构和行走装置有可靠的制动和限速；防止动臂因自重而快速下降和整机超速溜坡。

为此，液压系统应做到：

1）有高的传动效率，以充分发挥发动机的动力性和燃料使用经济性。

2）液压系统和液压元件在负载变化大、急剧的振动冲击作用下，具有足够的可靠性。

3）设置轻便耐振的冷却器，减少系统总发热量，使主机持续工作的液压油温度不超过80℃，或温升不超过45℃。

4）由于挖掘机作业现场尘土多，液压油容易被污染，因此液压系统的密封性能要好，液压元件对油液污染的敏感性低，整个液压系统要设置过滤器和防尘装置。

5）采用液压或电液伺服操纵装置，以便挖掘机设置自动控制系统，进而提高挖掘机的技术性能和减轻驾驶员的劳动强度。

3.1.2　液压系统的类型

按液压泵特性，液压挖掘机采用的液压系统大致上有定量系统、变量系统和定量、变量复合系统三种类型。

1. 定量系统

在液压挖掘机采用的定量系统中，其流量不变，即流量不随负载而变化，通常依靠节流来调节速度。根据定量系统中液压泵和回路的数量及组合形式，分为单泵单回路定量系统、双泵单回路定量系统、双泵双回路定量系统及多泵多回路定量系统等。

2. 变量系统

液压挖掘机采用的变量系统是通过容积变量来实现无级调整的，其调节方式有三种：变量泵－定量马达调速、定量泵－变量马达调速、变量泵－变量马达调速。

液压挖掘机采用的变量系统多采用变量泵－定量马达调速的组合方式实现无级变量，且都是双泵双回路。根据两个回路的变量有无关联，分为分功率变量系统和全功率变量系统两种。其中的分功率变量系统的每个液压泵各有一个功率调节机构，液压泵的流量变化只受自身所在回路压力变化的影响，与另一回路的压力变化无关，即两个回路的液压系统中的两个液压泵由一个总功率调节机构进行平衡调节，使两个液压泵的摆角始终相同，同步变量、流量相等。决定流量变化的是系统的总压力，两个液压泵的功率在变量范围内是不相同的。其调节机构有机构联动式和液压联动式两种形式。

3.1.3　液压挖掘机液压系统的主要部件

液压挖掘机的液压系统包括液压泵、控制阀、液压马达（回转马达、行走马达）、液压缸（动臂液压缸、斗杆液压缸、铲斗液压缸）、控制阀、液压油、油箱、油管等。液压系统基本功能框图如图 3-1 所示，液压挖掘机各液压装置位置如图 3-2 所示，液压系统传递路线图如图 3-3 所示。

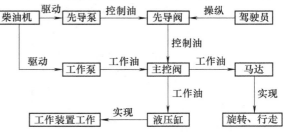

图 3-1　液压系统基本功能框图

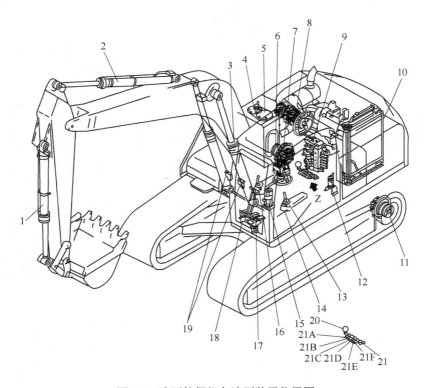

图 3-2　液压挖掘机各液压装置位置图

1—铲斗液压缸　2—斗杆液压缸　3—动臂液压缸　4—液压油箱　5—液压油过滤器　6—右行走马达　7—回转马达　8—主泵　9—主阀　10—液压油冷却器　11—左行走马达　12—多路选择阀组合件　13—左 PPC 阀　14—安全锁紧杆　15—中央回转接头　16—右 PPC 阀　17—行走 PPC 阀　18—附件油路选择阀　19—动臂自然下降防止阀　20—蓄能器　21—电磁阀组合件　21A—PPC 锁定电磁阀　21B—行走接合电磁阀　21C—泵合流/分流电磁阀　21D—行走速度电磁阀　21E—回转制动电磁阀　21F—二级溢流电磁阀

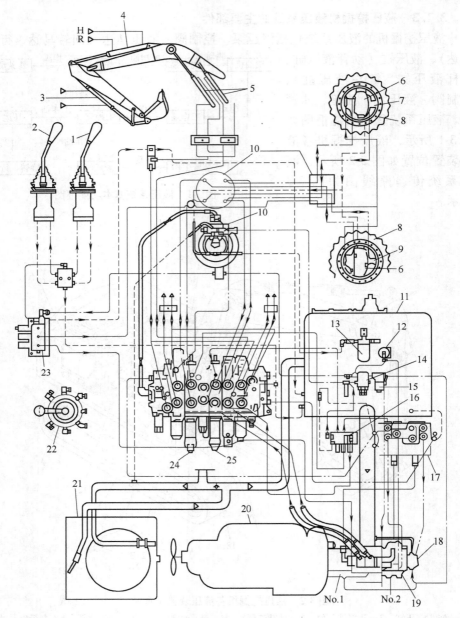

图 3-3　液压系统传递路线图

1—动臂、铲斗遥控先导操纵阀　2—斗杆、回转遥控先导操纵阀　3—铲斗液压缸　4—动臂杆液压缸
5—动臂液压缸　6—制动阀　7—右行走马达　8—驱动齿轮　9—左行走马达　10—中央回转接头
11—液压油箱　12—蓄能器　13—泄漏过滤器　14—溢流阀　15—主过滤器　16—电磁阀
17—直线行走阀　18—先导齿轮泵　19—主泵　20—发动机　21—散热器和油冷却器
22—多路控制转阀　23—电磁阀　24—左行走操作阀　25—右行走操作阀

1. 工作液体

工作液体是能量的承受和传递介质，即为能量的载体，也是液压传动系统中最本质的一个组成部分。

2. 液压动力源

它是将原动机（如发动机）所提供的机械能转变为工作液体液压能的机械装置，通常称为液压泵。

3. 液压执行元件

将液压泵所提供的工作液体的液压能，转变为机械能的机械装置，称为液压执行元件。作直线往复运动的液压执行元件称为液压缸；作连续旋转运动的液动执行元件则称为液压马达。

4. 液压控制元件

对液压系统中工作液体的压力、流量和流动方向进行调节、控制的机械装置，称为液压控制元件，通常简称为控制阀。

5. 液压辅助元件

液压辅助元件包括油箱、管道、管接头、密封元件、过滤器、蓄能器、冷却器、加热器以及各种液体参数的检测仪表等。它们的功能是多方面的，各不相同。

3.1.4 液压挖掘机液压系统

1. 液压挖掘机液压系统框图

图 3-4 所示为液压挖掘机液压系统框图。

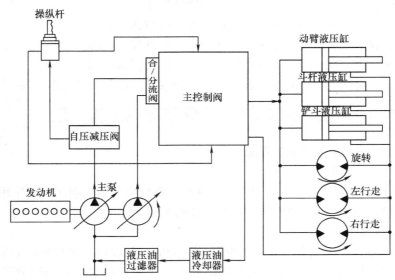

图 3-4 液压挖掘机液压系统框图

2. 工作介质

液压系统中液体的压力、流速和温度均在很大范围内变化，油液质量的优劣直接影响着液压系统的工作性能，因而对工作液体性质与工作液体的选择是十分重要的。

（1）液压油的用途

1）动力与信号的传递介质。

2）起润滑、防锈作用。

3）起热传递、冷却作用。

（2）液压油的特性　黏度越大，流动阻力越大，效率越低；黏度越小，泄漏越大，容积损失越大，所以必须使用合适黏度的液压油。

（3）液压油应具备的条件

1）适当的流动性和黏度。黏度–温度变化要小，低温流动性良好，剪切安定性优秀。

2）润滑性。对机械的滑动部位具有良好的润滑性能，减少磨损，以防止烧结。

3）耐热及抗氧化稳定性。不会因热及氧化、老化而导致产生腐蚀、污垢等，长期耐用。

4）防锈及抗腐蚀性。不会导致金属生锈及腐蚀。

（4）液压工作油的功能

1）液压装置不断发生相对运动时，减小摩擦，提高效率，起到润滑作用。

2）在金属部件表面形成油膜，起到防锈作用。

3）在部件间隙形成油膜防止泄漏，起到密封作用。

4）吸收液压装置在运动时产生的热量，起到冷却作用。

5）冲洗内部配件相互摩擦产生的异物，起到清洁作用。

6）将负载或阻力均匀地传递给工作油接触面，起到力的分散作用。

◇◇◇◇ 3.2　挖掘机的液压元件及基本工作回路

3.2.1　液压挖掘机的主要液压元件

1. 自压减压阀

自压减压阀利用主泵的输出油液将其压力降低后作为控制压力，作用于电磁阀和 PPC 阀（类似先导阀的作用）上，如图 3-5 所示。

2. 蓄能器

控制油路中的蓄能器是储存控制油路压力的一种装置。它安装在主泵与 PPC 阀之间，作用是保持控制油路压力的稳定以及当发动机熄火后仍可放下工作装置，以保证液压挖掘机的安全。蓄能器与相关元件的关系如图 3-6 所示。

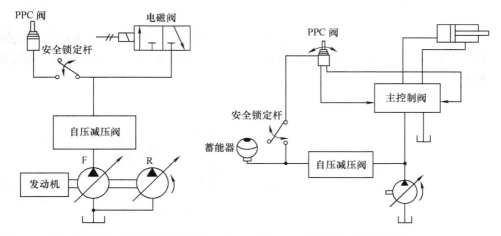

图 3-5　自压减压阀与相关元件的关系　　　图 3-6　蓄能器与相关元件的关系

3. PPC 阀

PPC 阀是一种比例压力控制阀，安装在驾驶室各操纵手柄下面。它可以根据操纵手柄的行程输出相应的控制油液，使主控制阀阀芯有相应的移动量，从而控制工作装置的速度。PPC 阀与相关元件的关系如图 3-7 所示，PPC 阀的结构如图 3-8所示。

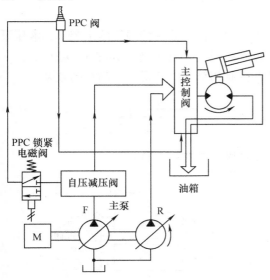

图 3-7　PPC 阀与相关元件的关系

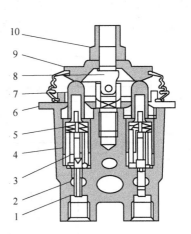

图 3-8　PPC 阀的结构

1—滑阀　2—阀体　3—计量弹簧　4—对中弹簧
5—定位器　6—安装板　7—柱塞
8—铰接头　9—圆盘　10—螺母（连接操纵杆）

4. 主泵

主泵（包括前泵与后泵）将发动机的机械能转变为液压能，为液压系统提供一定流量的压力油驱动液压缸和液压马达，是整个液压系统的动力源。主泵和相关元件的连接如图 3-9 所示。

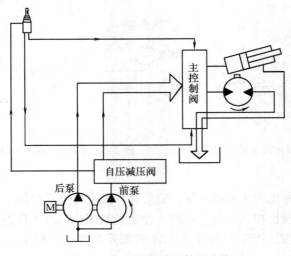

图 3-9　主泵和相关元件的连接

5. 液压泵流量控制

为了充分发挥发动机的作用、节省燃油、提高液压挖掘机的生产率，液压泵必须与发动机合理匹配。液压泵流量控制简图（动臂控制）如图 3-10 所示。

此外，用液压闭环控制和微处理器控制相结合可获得非常满意的效果。

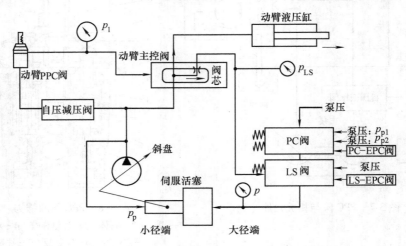

图 3-10　液压泵流量控制简图（动臂控制）

6. LS 阀

LS 阀的作用是感知驾驶员操纵杆行程大小，给液压泵相应信号以调节流量。操纵杆的动作改变了主控制阀阀芯的位置。主控制阀阀芯的移动产生 p_{LS} 压力（代表阀芯的移动量）。p_{LS} 反馈到主泵的 LS 阀，进而根据操纵杆的移动量通过 LS 阀改变主泵的排量。LS 阀与相关元件的关系如图 3-11 所示。

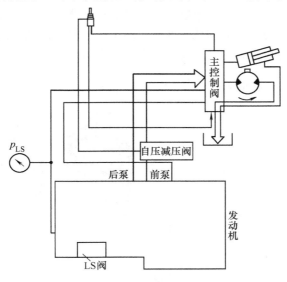

图 3-11　LS 阀与相关元件的关系

7. PC-EPC 电磁阀

PC-EPC 电磁阀的作用是感知发动机实际转速，给予相应信号以调节液压泵流量。

由于液压挖掘机工况变化，发动机的转速也随之变化，此时与发动机匹配的液压泵流量也应相应变化。

PC-EPC 电磁阀与相关元件的关系如图 3-12 所示。发动机的转速变化通过安装在发动机飞轮壳上的转速传感器传给处理器，再由微处理器发出改变液压泵流量的指令，PC-EPC 电磁阀通过 PC 阀适当调节液压泵流量，以对应发动机转速的变化。PC-EPC 电磁阀的电流大小还与监控器指令、主泵压力等因素有关。

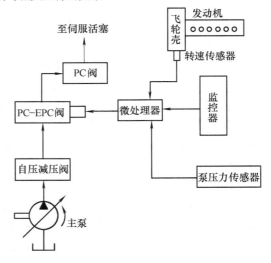

图 3-12　PC-EPC 电磁阀与相关元件的关系

8. 主控制阀

主控制阀受 PPC 阀产生的油压作用，控制从主泵至各液压缸、马达的液压油的流向及流量。同时，各液压缸、马达中的油量需要通过该阀返回液压油箱。

主控制阀由六联阀（整体）、备用阀组成，主要包括各控制阀、合流/分流阀、背压阀、动臂保持阀、主溢流阀、卸荷阀、安全吸油阀、吸油阀、压力补偿阀、LS 梭阀、LS 选择阀、LS 旁通阀。从前、后泵来的压力油汇集到主控制阀，然后被分配至相应的液压缸或马达推动它们工作，最后仍经过该主控制阀流回液压油箱。主控制阀与相关元件的关系如图 3-13 所示。

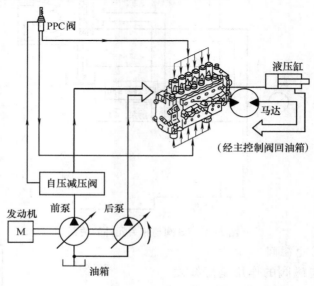

图 3-13 主控制阀与相关元件的关系

9. 合流/分流阀

合流/分流阀的作用是根据液压挖掘机作业的需要，由液压泵控制器自动把前泵和后泵排出的压力油流进行合流或分流（分别送到各自的控制阀组）。同时，也对各 LS 阀的压力进行控制（合流或分流）。合流/分流阀与相关元件的关系如图 3-14 所示。

10. 动臂保持阀

动臂保持阀与相关元件的关系如图 3-15 所示。动臂保持阀安装在主控制阀至动臂液压缸缸底的油口处。当动臂操纵杆处于中位时，该阀可防止动臂液压缸缸底的油液在动臂自重作用下，经动臂主阀阀芯返回液压油箱，以防止动臂自然下降。

11. 回转马达

回转马达与相关元件的关系如图 3-16 所示，回转马达通过行星轮减速机构驱动上部转台回转。

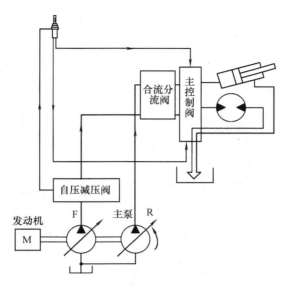

图 3-14　合流/分流阀与相关元件的关系

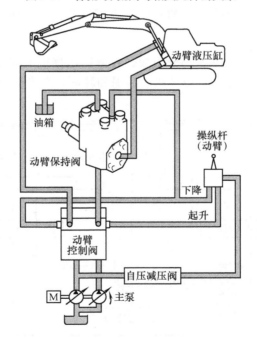

图 3-15　动臂保持阀与相关元件的关系

12. 中央回转接头

中央回转接头与相关元件的关系如图 3-17 所示，当位于上部转台的主泵向位于下部车体的行走马达送油时，因上、下车体相对回转会使液压软管扭曲。为了防止这类事情发生，在车体的中心安装了中央回转接头。

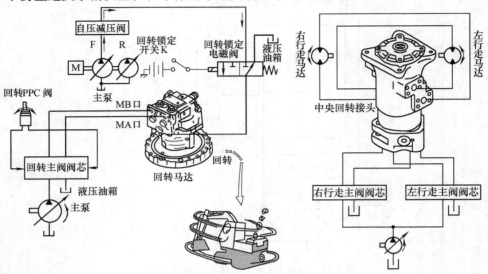

图 3-16　回转马达与相关元件的关系　　图 3-17　中央回转接头与相关元件的关系

13. 终传动

终传动由行走马达和减速部分组成，在液压挖掘机上有左、右两个终传动，直接驱动履带使液压挖掘机能够前进、后退和转弯。终传动与相关元件的关系如图 3-18 所示。

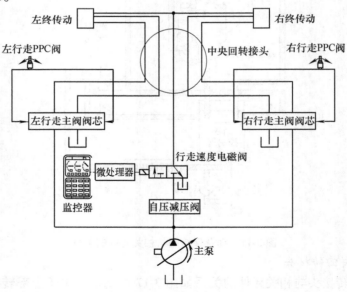

图 3-18　终传动与相关元件的关系

3.2.2　液压挖掘机的基本工作回路

液压挖掘机工作装置的液压回路包括动臂液压回路、铲斗液压回路、斗杆液压回路、回转液压回路和行走液压回路等。挖掘机液压系统主要回路的工作原理分析见表3-1。

表3-1　挖掘机液压系统主要回路的工作原理分析

序号	名称	原　理　图	分析说明
1	动臂液压回路		主要由主回路、控制回路组成。主回路见图中的粗实线及相关的部件。高压油经主泵输出后经主控制阀到达动臂液压缸,使动臂产生运动。控制回路由PPC回路、泵控制回路、安全回路和电控回路组成
2	铲斗液压回路		铲斗液压回路主要由主回路、控制回路组成。主回路见图中的粗实线及相关的部件。高压油经主泵输出后经主控制阀到达铲斗液压缸,使铲斗产生运动。控制回路由PPC回路、泵控制回路、安全回路和电控回路组成

（续）

序号	名称	原 理 图	分析说明
3	斗杆液压回路		斗杆液压回路主要由主回路、控制回路组成。主回路见图中的粗实线及相关的部件。高压油经主泵输出后经主控制阀到达斗杆液压缸，使斗杆产生运动。控制回路由PPC回路、泵控制回路、安全回路和电控回路组成
4	回转马达液压回路		回转马达液压回路主要由主回路、控制回路组成。主回路见图中的粗实线及相关的部件。高压油经主泵输出后经主阀到达回转马达，使回转马达产生运动。控制回路由PPC回路、泵控制回路、安全回路和电控回路组成

（续）

序号	名称	原 理 图	分析说明
5	行走马达液压回路	安全吸油阀　p_4　中心回转接头　行走马达　p_{LS}　行走主阀阀芯　行走PPC压力p_3　行走PPC阀　主溢流阀　卸荷阀　泵压1p_{p1}　泵压2p_{p2}　PC-EPC电磁阀　PC阀　微处理器　合流/分流电磁阀　合流/分流阀　自压减压阀　泵压p_{p1}　微处理器　LS阀　LS-EPC电磁阀　小头　大头　p_5　自压减压阀　伺服活塞　$q_{最小}$　$q_{最大}$	行走马达液压回路主要由主回路、控制回路组成。主回路见图中的粗实线及相关的部件。高压油经主泵输出后经主控制阀到行走马达,使行走马达产生运动。控制回路由PPC回路、泵控制回路、安全回路和电控回路组成

◈◈◈ 3.3　液压挖掘机常用的液压系统

1. 单泵或双泵单回路定量系统

单泵或双泵单回路定量系统的特点,是整台液压挖掘机由一个或两个液压泵供给压力油,通过一个回路来完成挖掘机行走、作业等各种动作。

（1）单泵单回路定量系统　小型悬架式液压挖掘装载机采用的单泵单回路定量系统如图 3-19 所示。整个系统由一台液压泵 1 驱动,由于系统工作压力不高（14MPa）且采用了并联油路,各执行元件可以不受顺序限制而动作。当所有换向阀处于中位时,压力油经过各个换向阀、散热器 13 和过滤器 14 返回油箱。

装载作业时扳动阀组 3 中任何一手柄（如装载斗液压缸 5 的手柄）,压力油进入该液压缸的工作腔,另一腔的油液经此阀回油。若扳动另一手柄,提升臂液压缸 6 工作。

反铲作业时阀组 3 处于中位,扳动阀组 4 中左、右支腿液压缸 7、12 的换向阀,使支腿着地,然后根据作业需要扳动其他换向阀。

由于阀组 3、4 分别操纵装载斗和反铲斗,前者不在中位时切断了后者的进油路,所以装载斗和反铲斗不能同时作业。

为了保护液压缸和整个液压系统,在提升臂液压缸油路、动臂液压缸油路和斗杆液压缸油路上均设置了限压阀。回转马达油路上设置的缓冲阀在回转制动和换向时起卸荷、缓冲作用。

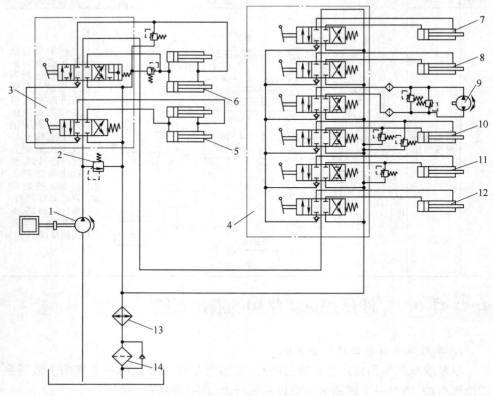

图 3-19　单泵单回路定量系统

1—液压泵　2—溢流阀　3、4—阀组　5—装载斗液压缸　6—提升臂液压缸
7—左支腿液压缸　8—铲斗液压缸　9—回转马达　10—动臂液压缸
11—斗杆液压缸　12—右支腿液压缸　13—散热器　14—过滤器

（2）双泵单回路定量系统　液压挖掘机采用的双泵单回路定量系统如图 3-20所示。它虽然有两个液压泵，但仍采用单一的回路。

该系统液压泵组由两个流量分别为 160L/min、80L/min 的叶片泵组成，系统压力为 14MPa。系统压力低于 7MPa 时流量为 80L/min 的液压泵也参与工作，使执行元件的动作加快；系统压力为 7～14MPa 时该液压泵经阀组 2 中的压力阀流回油箱。

该系统的阀组 3 中的各阀并联，通过二位阀 14 可以使动臂液压缸 11、辅助臂液压缸 12、行走马达 13 等串联或并联工作。因此各独立动作的执行元件相互配合较为方便。履带可通过制动器 6 制动，蓄能器由液压泵的压力油路经单向阀 4 自动充压。

双泵单回路定量系统与单泵单回路定量系统相比,优点是小负载时挖掘机能充分利用发动机功率提高工作效率,但是回转和动臂提升同时动作时,转台的起动力矩和动臂提升速度会急剧下降。

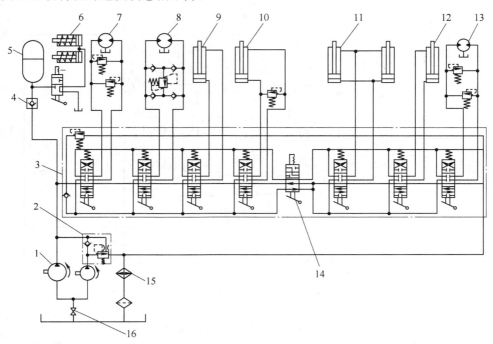

图 3-20　双泵单回路定量系统

1—液压泵组　2、3—阀组　4—单向阀　5—蓄能器　6—制动器　7、13—行走马达
8—回转马达　9—铲斗液压缸　10—斗杆液压缸　11—动臂液压缸
12—辅助臂液压缸　14—二位阀　15—散热器　16—阀门

2. 双泵双回路定量系统

双泵双回路定量系统在液压挖掘机中使用较多,它可以使发动机功率分别用于两种动作,既能很好地相互配合,又可以各自独立运动。在此不进行具体介绍。

3. 双泵双回路分功率调节变量系统

全液压挖掘机采用的双泵双回路分功率调节变量系统如图 3-21 所示。

转向变量泵 1 由柴油机或电动机驱动,其输出压力为 13 ~ 34MPa,流量为 135 ~ 360L/min,泵体摆角为 7° ~ 17°。挖掘机负载小时变量泵输出的流量大,以加快工作装置的动作速度;反之泵输出的流量小,以便挖掘机承受较大的载荷。变量泵通过压力变化反馈到泵本身的变量调节机构来改变流量。由于每台变量泵各由二分之一的发动机功率驱动来调节变量,故称为分功率变量系统。

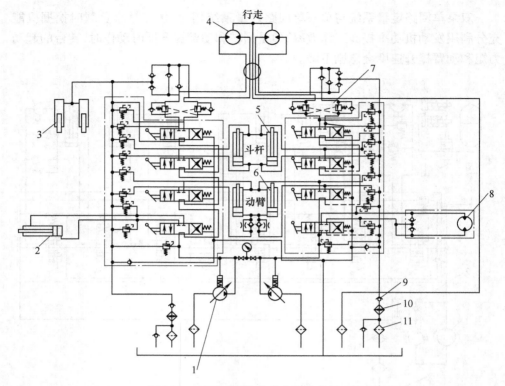

图 3-21　双泵双回路分功率调节变量系统

1—变量泵　2—铲斗液压缸　3—斗底开启液压缸　4—行走马达　5—斗杆液压缸　6—动臂液压缸
7—速度限制阀　8—回转马达　9—背压阀　10—散热器　11—过滤器

当动臂液压缸 6 和斗杆液压缸 5 分别工作时,通过两个分配阀对它们进行合流供油。

背压阀调整压力为 1MPa。系统中各执行元件均设有过载阀,起安全保护作用。过滤器 11 上装有 0.3MPa 的单向阀,用以防止因过滤器被污染物淤塞而造成液压泵过载。行走马达油路中设置了速度限制阀 7,防止挖掘机在坡上行驶时产生溜坡现象。挖掘机所有活动铰点均采用旋转接头,故整个挖掘机不用高压软管。

4. XE 系列中型液压挖掘机介绍

（1）液压系统（原理图）　XE 系列中型液压挖掘机液压系统（原理图）可查阅随机资料。

（2）主要液压部件　变量柱塞泵、柱塞马达（回转马达、行走马达）、控制阀、伺服阀（手动先导阀、脚动先导阀）、液压附件（液压油箱、蓄能器）。

（3）主泵（变量柱塞泵）结构与原理　主泵（变量柱塞泵）结构图如图 3-22 所示,原理图如图 3-23 所示,原理介绍见表 3-2。

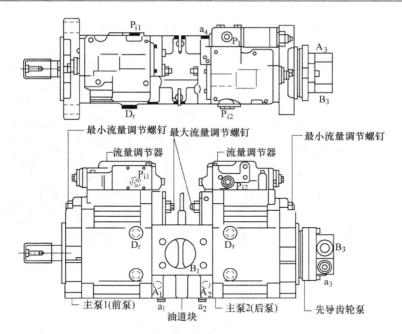

图 3-22 主泵(变量柱塞泵)结构图

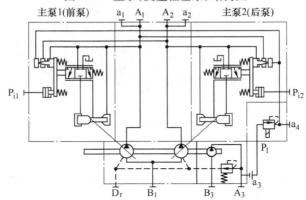

图 3-23 主泵(变量柱塞泵)原理图

表 3-2 主泵(变量柱塞泵)原理介绍

油口符号	油口名称	孔口尺寸
A_1、A_2	主泵出油口	SAE41. 34MPa 19mm
B_1	主泵吸油口	SAE17. 225MPa 12. 7mm
D_r	泄漏油口	PF 3/4-20
P_1	动力改变油口(用于减少油量)	PF 1/4-15
P_{i1}、P_{i2}	先导控制油口	PF 1/4-15
a_1、a_2、a_3、a_4	压力测量口	PF 1/4-15
A_3	先导齿轮泵出油口	PF 1/2-19
B_3	先导齿轮泵吸油口	PF 3/4-20

（4）柱塞马达结构与原理　轴向柱塞马达的结构如图 3-24 所示。

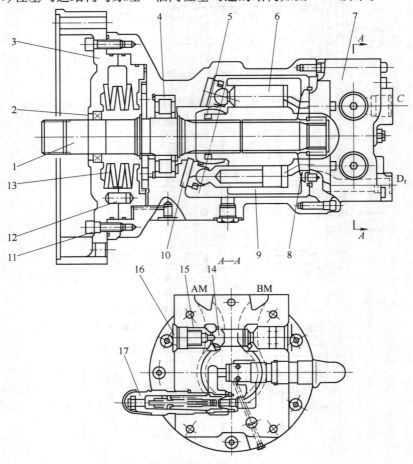

图 3-24　轴向柱塞马达的结构

1—输出轴　2—主轴油封　3—前盖　4—轴承　5—壳体　6—柱塞　7—后盖　8—配油盘
9—缸体　10—滑靴　11—螺栓　12—定位销　13—制动弹簧　14—阀芯　15、17—溢流阀　16—螺塞

　　轴向柱塞马达的工作原理：轴向柱塞泵除阀式配流外，其他形式原则上都可以作为液压马达用，即轴向柱塞泵和轴向柱塞马达是可逆的。轴向柱塞马达的工作原理为，配油盘和斜盘固定不动，马达轴与缸体相连接一起旋转。当压力油经配油盘的窗口进入缸体的柱塞孔时，柱塞在压力油作用下外伸，紧贴斜盘，斜盘对柱塞产生一个法向反力 P，此力可分解为轴向分力 Q 和垂直分力 Q'。Q 与柱塞上液压力相平衡，而 Q' 则使柱塞对缸体中心产生一个转矩，带动马达轴逆时针方向旋转。轴向柱塞马达产生的瞬时总转矩是脉动的。若改变马达压力油输入方向，则马达轴按顺时针方向旋转。斜盘倾角 α 的改变即排量的变化，不仅影响马达的转矩，而且影响它

的转速和转向。轴向柱塞泵斜盘倾角越大,产生转矩越大,转速越低。

（5）主控阀结构及特点　主控阀结构如图 3-25 所示。

特点:负流量控制系统,功能多样,结构紧凑,可实现回转优先、直线行走、大增压和合流。

（6）手动先导阀　手动先导阀结构图如图 3-26 所示。

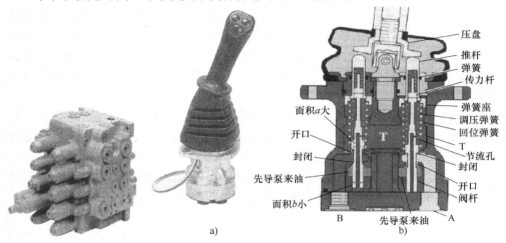

图 3-25　主控阀结构图

图 3-26　手动先导阀结构图
a)外形结构　b)内部结构

特点:尺寸紧凑、反应性高、滞后性低、操作员工作强度小、总体减振、工作可靠、污染影响小、新增环境呵护装置。

（7）脚动先导阀　脚动先导阀结构图如图 3-27 所示。

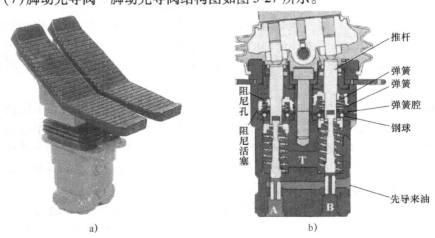

图 3-27　脚动先导阀结构图
a)外形结构　b)内部结构

特点：独一的减振机械、总体减振室、总体止回阀，具有多样的控制任选项、脚动或手动先导阀、坚固的单隔断构造、大回流和控制流量通道。

（8）其他液压部件　附属和伺服阀包括：比例减压阀螺杆、螺线管方向控制螺杆、方向控制模块、平衡阀、负荷保持阀、无振动阀、逻辑元件、分流器、制动阀等。

（9）XE系列中型挖掘机液压系统特点

1）负流量控制系统。主阀中位有回油时，通过负反馈阀组的节流孔，使油液在节流孔前后产生压差，将节流孔前的压力引至泵调节器来控制泵的流量。空载时通过节流孔的流量最大，则节流孔前后的压差最大，负反馈压力最大，可达5MPa；手柄行程最大时，主阀阀芯行程最大，通过节流孔的流量最小，负反馈压力接近于0MPa。

2）再生功能。斗杆内收时，由于重力的作用，斗杆大腔压力降低，甚至产生负压，当接近负压时，通过控制换向阀阀芯，在回油路产生阻尼，使液压油通过阀芯内部由小腔直接流入大腔，避免吸空现象发生。

3）动臂、斗杆锁定功能。由于重力作用，液压系统内的内泄可能导致斗杆、动臂下沉，为避免发生此现象，可在主阀上增加液压锁来进行锁定。

4）优先功能。

① 回转优先。当斗杆内收和回转同时动作时，通过在控制油路上增加一个梭阀，将操作回转时的先导油连接到斗杆阀芯端部限位液压缸处，进而实现对斗杆阀芯的限位，来实现回转优先的功能。

② 动臂优先。当动臂提升和铲斗外摆复合动作时，为了提高复合动作效率，增加一个对铲斗阀芯的限位，起到动臂优先的作用。

5）合流。动臂提升、斗杆内收及外摆动作时，由于需要流量较大，需要两个泵同时为单独动作供油，通过阀内连通的方式进行合流。XE230C以上机型铲斗内收时需要流量较大，采用阀外合流的方式提高速度。

6）功率调节：本泵功率调节、交叉功率调节、电磁比例阀功率调节、负流量反馈。

在H模式时，通过发动机上转速传感器采集的转速数据，转换为不同的电流信号，电磁比例阀产生不同的行程，进而产生不同的调节压力，通过调节器对泵的排量、功率进行调节，即实现ESS控制。挖掘机的L、S、H模式也是通过改变它的电流来实现的。挖掘中不同的模式对应不同的电流值，也对应着不同的二次压力值，压力的不同即代表泵的功率不同。

7）直线行走。在挖掘机正常行走时，为防止产生跑偏现象，会通过内部控制油路的切断，使直线行走阀起作用，从而使其中一泵供所有工作油路，另一泵供行走。

8）自动怠速取消。当挖掘机没有任何动作4s后，上车及下车压力开关没有信号,则控制器使发动机进入怠速模式。当挖掘机动作时,上车或下车压力开关得到信号,怠速状态自动取消。

9)瞬时增力、高低速、安全锁功能。操作右手柄按钮或者行走动作时,会产生压力控制信号,使控制阀主溢流阀压力升高到34.3MPa,起到增力的效果。显示器中高低速选择按钮控制电磁阀通断,实现对行走马达排量的控制从而实现高低速的选择。安全手柄同电磁阀组上的脉冲口连接,当操纵安全手柄时,电磁阀得电,电磁阀出油口压力油流出,先导操纵阀才能起作用。

技能训练　挖掘机液压系统的安装调整(表3-3)。

表3-3　挖掘机液压系统的安装调整

序号	工艺步骤	安装内容	图　示	装配要点及检测要求
1	下车液压系统安装	下车液压系统	确保各孔干净,无污物	1)液压元件在装配前、装配中必须封好油口,保证其清洁度 2)管路布置应整齐,根据实际情况安排扎带位置
2	液压操作系统安装1	主泵安装	P_{SV}　P_{i1}　A_3　a_3　B_3　P_{i2}　P_{SV}	1)液压元件在装配前、装配中必须保证其清洁度 2)液压元件油口必须封口存放 3)螺栓 M20×55 紧固力矩为 610N·m,螺栓 M10×30 紧固力矩为 72N·m 4)螺栓安装前需涂抹螺纹紧固胶

（续）

序号	工艺步骤	安装内容	图　　示	装配要点及检测要求
3	液压操作系统安装2	主阀接头、胶管安装		1）装配前将液压元件内壁清洗干净，然后用压缩空气吹干 2）装配过程中如果液压元件不能立即装配，应用专用塞堵好 3）按规定力矩拧紧螺栓、接头
4	液压操作系统安装3	阀块部装		1）装配前将液压元件内壁清洗干净，然后用压缩空气吹干 2）装配过程中如果液压元件不能立即装配，应用专用塞堵好 3）按规定力矩拧紧螺栓、接头
5	液压操作系统安装4	梭阀、换向阀组安装		1）液压元件在装配前、装配中必须保证其清洁度 2）液压元件必须封口存放 3）装配过程中管路布置整齐，并根据实际情况安排扎带位置

（续）

序号	工艺步骤	安装内容	图　　示	装配要点及检测要求
6	液压操作系统安装 5	主阀、吸油管安装		1）液压元件在装配前、装配中必须保证其清洁度 2）液压元件必须封口存放 3）接头紧固必须符合紧固力矩要求
7	液压操作系统安装 6	主阀布管		1）液压元件在装配前、装配中必须保证其清洁度 2）液压元件必须封口存放 3）装配过程中管路布置整齐，并根据实际情况安排扎带位置 4）装配 O 形密封圈时应均匀地涂洁净的液压油或密封用润滑剂
8	液压操作系统安装 7	回转马达、中心回转体布管		1）液压元件在装配前、装配中必须保证其清洁度 2）液压元件必须封口存放 3）装配过程中管路布置整齐，并根据实际情况安排扎带位置

（续）

序号	工艺步骤	安装内容	图　示	装配要点及检测要求
9	液压操作系统安装8	回油管、油路管夹安装		1）液压元件在装配前、装配中必须保证其清洁度 2）液压元件必须封口存放 3）接头紧固必须符合紧固力矩要求
10	液压操作系统安装9	液压油箱安装	T10 T11	1）选用合适容量的油箱 2）油箱安装前应进行清洗，清洗后无残渣和锈蚀 3）液压元件应封口放置
11	液压操作系统安装10	先导阀安装	4　P 2　3 T 2　3　P	1）装配前所有液压元件应认真清洗，装配过程中应严格保证系统的清洁度 2）液压管路要求布置合理、整齐

（续）

序号	工艺步骤	安装内容	图　示	装配要点及检测要求
12	工作装置液压系统安装	工作装置液压系统		1）液压元件在装配前、装配中必须保证其清洁度 2）液压元件必须封口存放 3）接头紧固必须符合紧固力矩要求 4）装配前所有管件、接头、集中块应清洗干净 5）软、硬管路布置应整齐，软管安装不允许轴向旋转变形

复习思考题

1. 液压挖掘机液压系统主要部件有哪些？
2. 液压挖掘机液压系统的主要回路有哪些？
3. 简述动臂液压回路的工作原理。
4. 主控制阀包括哪些部分？
5. 双泵单回路定量系统与单泵单回路定量系统相比有何优点？
6. 简述手动先导阀的工作特点。
7. 溢流阀易产生高频噪声的原因是什么？

第4章

挖掘机电气系统

 培训学习目标

1) 熟悉液压挖掘机电气系统的基础知识。

2) 正确分析主要工作电路的原理。

3) 掌握电气系统的安装方法。

4) 熟悉液压挖掘机各种控制系统的组成及工作原理。

5) 掌握 XE 系列中型挖掘机控制系统的相关知识。

◆◆◆ 4.1 挖掘机的电气系统

4.1.1 主要电路

主要电路电气系统原理图如图 4-1 所示。

1. 电源电路

电源电路包括蓄电池、发电机、电源总开关、熔丝等，作用是向整机电气设备提供电能。

发动机起动时，由蓄电池向起动机供电。当发动机运行后，由发电机发出的直流电供电气系统使用，同时给蓄电池充电。蓄电池能吸收电路中出现的过电压，禁止断开蓄电池使用机器。

（1）发电机　正常工作电压：DC12V 系统约 12V、DC24V 系统约 28V。

硅整流交流发电机，内置电子调节器。电子电压调节器是利用三极管的开关特性，根据发电机输出电压的高低，控制三极管导通与截止来调节发电机的励磁电流，使发电机输出电压稳定在一定范围内。

发电机使用注意事项：

1) 发电机的搭铁极性必须与蓄电池的搭铁极性相同。

2) 发动机熄火后，应将钥匙开关和电源总开关断开，否则蓄电池的电流将长时间流经发电机磁场绕组和电子调节器，使蓄电池长期放电。

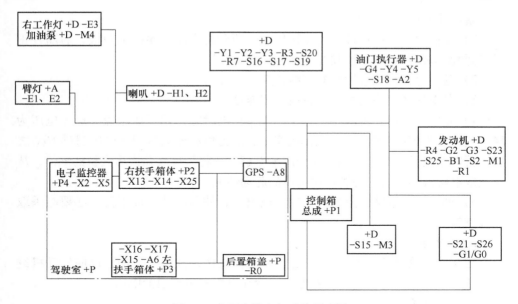

图 4-1 主要电路电气系统原理图

3）严禁用兆欧表检查发电机绝缘性能，除非将其中的硅二极管拆除，否则会因为过高的电压使二极管击穿损坏。

4）L 端口不能负载，否则会损坏发电机。

5）正确安装，皮带要紧松合适，紧固牢固，接线无误。

6）交流发电机与蓄电池之间的导线连接要可靠，发电机工作时若突然断开，将会产生电压而损坏二极管。

（2）蓄电池　采用免维护起动用铅酸蓄电池，主要技术参数：20h 放电率额定容量 C20、储备容量 RC 和低温起动容量 CCA 等。

1）20h 放电率额定容量 C20。按国家标准以 20h 放电率的容量作为起动型蓄电池的额定容量。

20h 额定容量是指完全充足电的蓄电池，当电解液温度为 27℃时，以 20h 放电率的电流连续放至 6V 蓄电池的端电压下降到（5.25 ±0.02）V，或 12V 蓄电池的端电压下降到（10.5 ±0.05）V 时所输出的电量，用符号 C20 表示，单位为 A·h。

2）储备容量 RC。这是指完全充足电的蓄电池在电解温度为 27℃时，以 25A 电流放电至 6V 蓄电池的端电压下降到（5.25 ±0.02）V，或 12V 蓄电池的端电压下降到（10.5 ±0.05）V 时放电所持续的时间，用符号 RC 表示，单位为 min。它说明当机械充电系统失效时，蓄电池还能提供电量的时间。

3）低温起动容量 CCA。起动型蓄电池的主要用途是在发动机起动时向起动机提供强大的电流，因此蓄电池标准规定了低温起动容量，以反映蓄电池大电流放电时的供电能力。在 -18℃温度环境下，放电 30s 电压大于 7.2V。

蓄电池使用注意事项：

1）连接时先连接正极，后连接负极。断开时先断开蓄电池负极，后断开正极（避免拆装过程中可能引起的短路）。

2）蓄电池接线时极性绝对不能接反。

3）蓄电池各接头与蓄电池各极牢固连接。

4）蓄电池电压正常应不小于12.6V，充电时宜采用恒压限流充电，电压为14.8V。免维护蓄电池不宜采用恒流充电，因为恒流充电后期，电压超过16V之后，蓄电池温度升高，电能大部分用来电解水，将从排气孔排出大量的气体，从而造成电解液的损失。将影响蓄电池的起动性能。

5）低温时电解液电阻增大，黏度也增大，使蓄电池性能下降，必要时采取保温措施。

2. 浪涌保护电路

当钥匙开关置OFF位置时，由于发动机惯性，其继续转动，以使发动机继续发电，但发出的电无法流入蓄电池，会在电路中出现浪涌电压。

3. 起动电路

1）车辆起动时由蓄电池提供电能，通过钥匙开关可使发动机起动。要求如下：

①蓄电池冷起动电流CCA和储备容量RC必须满足要求。

②起动电路电阻必须满足要求，电阻要求小于0.0012Ω，对应50mm^{2}蓄电池连接线长度小于3.5m。

2）起动马达。要求如下：

①起动马达正常起动时间不能超过15s，空载时不能超过10s。

②两次起动间隔应大于30s以上，可加装防再起动装置。

③发动机工作期间不得起动马达。

④蓄电池电压过低时可能会损坏起动马达。

⑤尽量不采用辅助电池进行起动。

⑥检查蓄电池与起动马达电路，防止有虚接触现象。

4. 起动保护电路

1）五十铃、洋马机型使用安全继电器来实现起动保护功能，发动机运转后发电机P端子有电压输出，此时即使钥匙开关打到起动位置，继电器也不会接通，起动机不会运行，起到保护起动机的作用。

2）康明斯机型通过监控器控制起动继电器线圈通断，转速高于500r/min时不再接通，此时即使用钥匙开关打到起动位置，继电器也不会接通，起动机不会运行，实现起动保护功能。

5. 中位起动电路

必须将安全锁杆放下，方可起动发动机，以防止起动时碰到操作手柄，使机器产生误动作。

6. 熄火控制电路

断电时通过熄火马达或熄火电磁阀等执行器件切断燃油，使发动机熄火。

（1）熄火定时器　工作原理：使熄火继电器线圈得电 1s 后断开，吸拉线圈也得电 1s 后断开，避免吸拉线圈因通电时间长而烧损。吸拉线圈电流为 36.5A，阻值约 0.3Ω，保持线圈电流为 0.5A，阻值约 25Ω，保持线圈发动机工作时一直通电，断电则停机。

（2）线圈管理器　工作原理：使电磁阀吸拉线圈得电 1s 后断开，避免吸拉线圈因通电时间长而烧损。吸拉线圈电流为 25A，阻值约 1Ω，保持线圈电流为 0.5A，阻值约 50Ω。

（3）熄火马达　工作原理：电动机的旋转运动使蜗杆机构带动塑料齿轮旋转，齿轮旋转通过销子和槽转变为软轴的伸缩运动。电动机电路的通断由塑料齿轮背面的铜片控制。随着齿轮旋转至不同位置，控制电动机的运转和停止。

7. 冷起动预热电路

环境温度低时，通过接通预热塞对发动机进气进行加热，提高发动机起动性能。

1）可通过钥匙开关预热档进行手动预热，通过电子监控器或预热定时器进行预热定时。

2）通过预热控制器进行自动预热。

①水温在 10℃ 以上时，水温开关接通，不预热。

②水温在 10℃ 以下时起动，水温开关断开，起动结束后继续预热 30s，预热指示灯亮 8s（后预热）。

③水温在 10℃ 以下时，钥匙开关置于 ON 位置，水温开关断开，预热继电器接通 30s，预热指示灯亮 8s（前预热）。

8. 其他电路

其他电路包括空调电路、灯光信号、照明系统、辅助装置系统等。其他电路电气系统原理图如图 4-2 所示。

4.1.2　电气设备安装要求

1. 电气元件

1）温度在 $-30 \sim 70℃$ 范围内。

2）避免雨水、灰尘等侵入。

3）避免沾到油污及腐蚀性物质。

4）安装位置应方便维护、维修。

2. 线束

1）线束应按线束走向排布，有固定线卡的地方要固定牢靠，以免松动磨损。

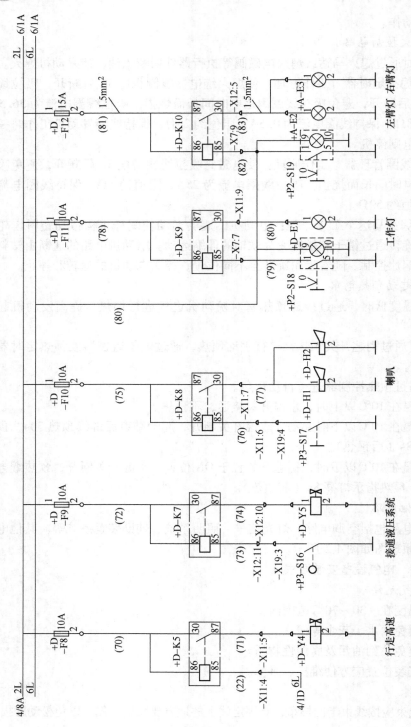

图 4-2 其他电路电气系统原理图

2）线束在穿过孔洞和绕过锐角处，应用橡胶圈或护套等进行保护，以免磨损。

3）线束布置应避开发动机排气管等热源部位（必要时设置保护装置）。

4）线束布置应避免锐角弯曲，在发生相对运动的部位不能拉得太紧。

5）线束端子避免裸露，设置橡胶套、插接器（防止短路）。

6）插接器未连接时用塑料套包住，以防止水、油、尘沾污。

7）避免插接器处于悬空状态。

8）脱开插接器连接时应手抓插接器壳体来脱开（防止导线拔断，不直接拉导线）。

9）避免将燃油管和线束捆扎在一起，因为燃油管发生磨损龟裂时可能导致火灾。

10）线束的搭铁线应注意搭铁是否良好，如有漆层应刮掉，并压接牢靠。

搭铁不良易引起的故障现象：搭铁不良造成电气回路电阻增大，引起电压下降或工作失效，造成电气线路许多显性或隐性故障。在起动电路上，如果发动机搭铁不良，会造成起动回路电阻增大，加在起动机的端电压低，使发动机起动困难；在灯光电路上，如果灯具搭铁不良，会造成灯光不亮或者灯光暗淡；在仪表电路上，若搭铁不良，会造成假报警等现象。

3. 传感器

单线传感器或开关通过机体形成回路，安装时应保持传感器外螺纹及搭铁部分与其接触面连接良好，保证传感器的搭铁良好，否则会出现读数不准。

（1）燃油位传感器 油箱内浮子的移动应灵活，否则会因浮子与油箱隔板干涉造成指示不准。油位传感器接地应可靠。

（2）温度传感器 传感器的导线连接不得短路。温度传感器一般是靠本身搭铁，安装时应尽量不用生料带或密封胶。

（3）压力传感器 因压力传感器有报警装置，故传感器线与报警线不可接反。

4. 蓄电池

1）安装前应检查蓄电池是否有外壳破裂和漏液，检查电眼，确认为绿色。

2）起吊放置蓄电池时应注意防止磕碰。

3）蓄电池线各接头与蓄电池各极紧固连接。

4）禁止将蓄电池倒置或侧向放置。

5）在装配过程中，保证所有电气元件处于关闭位置。连接时先连接正极，后连接负极；断开时先断开蓄电池负极，后断开正极（避免拆装过程中可能引起的短路）。

6）蓄电池接线时极性绝对不要接反，若接反会造成发电机短路损坏等电气故障，12V单只蓄电池应特别注意。

4.1.3　电气设备故障排除方法

1. 宏观检查法

主要通过看、问、听、摸、闻等宏观判断手段来发现故障位置和故障性质。

2. 比较法

使用规格相同、性能良好的电气设备去代替怀疑有故障的电气设备，进而比较判断。

3. 试灯法

用一个车辆灯泡作试灯，检查电气设备或电路有无故障。适用于不容易直接短路或带有电子元器件的电气设备。

4. 保险法

若某个电气设备突然停止工作，同时该支路上的熔丝熔断，说明该支路有搭铁现象。

5. 万用表测试法

用万用表的电阻档测量电气设备的电阻值，根据该值的大小判断该电气设备是否存在故障。

6. 仪表法

根据电子监控器上的相关信息判断故障状况。

◇◇◇◇ 4.2　挖掘机的控制系统

液压挖掘机的控制系统是对发动机、液压泵、多路控制换向阀和执行元件（液压缸和液压马达）等所构成的动力系统进行控制的系统。按控制功能不同，可分为位置控制系统、速度控制系统和力（或压力）控制系统；按控制元件不同，可分为发动机控制系统、液压泵控制系统、多路换向阀控制系统、执行元件控制系统和整机控制系统。

4.2.1　液压挖掘机的控制系统

1. 发动机的控制系统

目前应用在液压挖掘机柴油机上的控制装置有电子功率优化系统、自动怠速装置、电子调速器、电子油门控制系统等。

（1）电子功率优化系统　电子功率优化系统能根据发动机负荷的变化自动调节液压泵所吸收的功率，使柴油机转速始终保持在额定转速附近，这样既充分利用了柴油机的功率，提高了挖掘机的作业效率，又防止了柴油机因过载而熄火。液压挖掘机采用的电子功率优化系统的组成如图 4-3 所示。

该系统由柱塞泵斜角度调节装置、电磁比例减压阀、EPOS 控制器、发动机转速传感器及发动机油门位置传感器等组成。发动机转速传感器为电磁感应式，它固定在飞轮壳的上方，用来检测柴油机的实际转速。发动机油门位置传感器由行程开关和微动开关组成，前者安装在驾驶室内，与喷油泵供油接杆相连；后者安装在柴油机喷油泵调整器上。两开关并联，以提高工作可靠性。发动机油门处于最大位置时两开关均闭合，并将信号传给 EPOS 控制器。

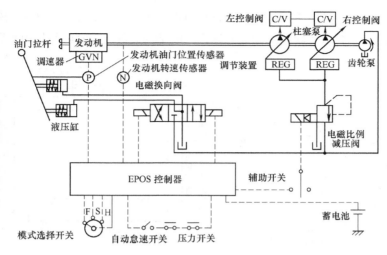

图 4-3　液压挖掘机采用的电子功率优化系统的组成

（2）自动怠速装置　装有自动怠速装置的液压挖掘机，当操纵杆回到中位数秒时，柴油机能自动进入低速运转状态，从而可减小液压系统的空流损失和柴油机的磨损，起到节能和降低噪声的作用。

挖掘机采用的发动机自动控制系统（AEC）功能，是由电子控制器通过中央处理器（CPU）来实现的，此控制系统可以使柴油机的转速在挖掘机的动作停止 4s 后自动减至 1300r/min，而当此项作业重新开始 5s 后柴油机又自动恢复至原作业时的转速。AEC 系统的组成及工作原理如图 4-4 所示。

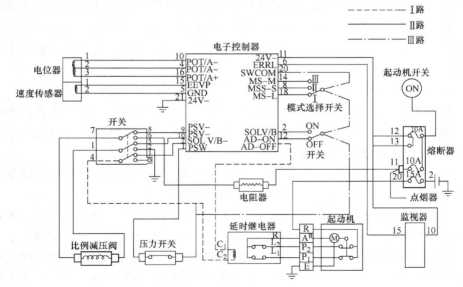

图 4-4　AEC 系统的组成及工作原理

（3）电子调速器　PT 燃油系统的柴油机使用电子调速器（EFC），该调速器可以调成同步运行或有转速降的方式运行。电子调速器的控制电路如图 4-5 所示。

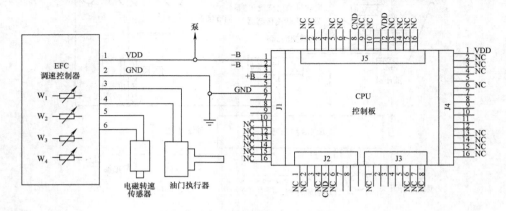

图 4-5　电子调速器的控制电路

（4）电子油门控制系统　电子油门控制系统由油门控制器、调速器电动机、燃油控制器、监控仪表板、蓄电池继电器等组成。该系统的功能有三个：柴油机转速控制、自动升温控制和停车控制。

2. 液压元件控制系统

液压泵的控制是通过调节其变量摆角来实现的。根据控制形式的不同，可分为功率控制系统、流量控制系统和组合控制系统三类。其中的功率控制系统有恒功率控制、总功率控制、压力切断控制和变功率控制等；流量控制系统有手动流量控制、正流量控制、负流量控制、最大流量两段控制、负荷传感控制和电气流量控制等；组合控制系统是功率控制和流量控制的组合控制，在液压挖掘机上应用最多。

3. 液压控制阀控制系统

（1）先导式控制系统　换向控制阀的控制形式有直动式（用手柄直接操纵换向阀主阀阀芯）和先导式两种。后者是用先导阀控制先导油液，再用先导油液控制换向阀的主阀阀芯，它又分为机液先导式和电液先导式两类。

1）机液先导式控制系统。用手柄操纵先导阀，先导油液作用于换向阀主阀阀芯而使其工作，目前在中、小型液压挖掘机上应用较多。

2）由比例式或数字式电动机转换器（常用比例电磁阀）操纵先导阀，由先导油液再控制换向阀主阀阀芯动作，目前在小、中型液压挖掘机上应用较多。

（2）负荷传感控制系统　阀控系统实质上是节流式系统，在液压挖掘上，目前常用的是三位六通多路阀，其滑阀的微调性能和复合操作性能差。在液压挖掘机上采用的负荷传感控制系统，其控制阀不论是中位开式方式还是中位闭式方式，都附带有压力补偿阀。

（3）完全负荷传感控制系统　完全负荷传感控制系统由负荷传感控制阀和负荷传感控制变量泵组成，能有效解决节省能源的问题。在整个滑阀行程中，泵的流量始终等于执行元件的流量，无多余的流量损失。泵的压力略高于负载压力，其压差仅为2MPa，即只有一小部分能量损失，是较理想的节能系统。

4. 执行元件控制系统

（1）行走自动二速系统　行走自动二速系统只有在行走速度转换开关处于二速位置时才具有此功能。此时，其信号使行走二速电磁阀换向；与此同时，通过二速用伺服缸使行走马达处于二速位置，挖掘机可高速行走。另外，控制选择阀还受行走压力的作用，在上坡等负载大的时候，控制选择阀向一速的一侧换向；二速用伺服缸的控制油压卸荷，使行走马达自动向一速位置转换，驱动力增大。

挖掘机在平地上行走及下坡行走等工况时，行走阻力变小，控制选择阀再次换向，对二速用伺服缸作用，行走马达自动地又回到二速位置，使挖掘机高速行走。

（2）转台回转摇晃防止机构　转台回转摇晃防止机构是挖掘机转台回转停止后消除其摇晃的机构，其组成及工作原理如图4-6所示。回转马达停止运转的过程中，反转防止阀两侧（①、②）受卸荷压力作用，弹簧压缩，由于左、右压力相等，反转防止阀不能换向。

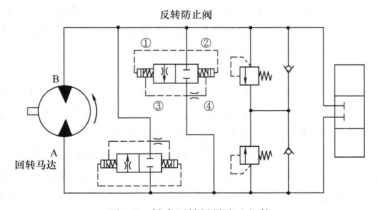

图4-6　转台回转摇晃防止机构

回转马达停止运转后B口侧压力比A口侧高，对回转马达产生反力作用，回转马达摇晃，此时A口侧压力比B口侧高，对反转防止阀的③、④两侧产生压力。由于在④侧有节流孔，产生时间滞后，滑阀C的阀芯右移，从而使A口与B口连通，压力相等。因此，转台回转摇晃仅一次而已。

（3）工作装置控制系统

1）机液控制。挖掘机具有各种运动模式和结构功能的专用装置，目的是完成工作装置的三大功能，其共同特点是：铲斗平行四边形悬架的装载工作装置，能在斗杆和动臂的转动过程中，保持一定的切削角。在挖掘过程中，斗杆转动时动臂位置能自动修正，只需操纵斗杆就能使铲斗在切削角变化不大的情况下沿着近乎直线轨迹运动。在提升过程中，动臂转动时铲斗位置能自动修正。因此，只要操纵动臂就可保持铲斗三联动的复合动作。

2）计算机控制。液压挖掘机在作业过程中，共有动臂升降、斗杆收放、铲斗转动和转台回转四个动作，即四个自由度，它们可由其相应杆件的转角来决定（可用四个角位移传感器检测）。因此，挖掘机作业过程（如图4-7所示）也可以采用阀控缸（液压马达）电液位置伺服系统来进行控制。

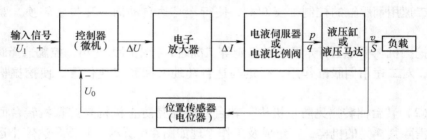

图4-7　阀控缸（液压马达）电液位置伺服系统工作原理

计算机作为整个伺服系统中的一个环节实现闭环控制，把来自操作盘的动臂斗杆和铲斗的角度等指示信号及各操纵杆状态的信号输入微机，进行自动控制功能的选择处理、手动优先处理和姿势控制的各种运算处理。把运算结果由电子放大器输出，通过自动控制使操纵阀、伺服驱动机构进行动臂、斗杆和铲斗等的自动控制。

在挖掘机的挖掘动作控制中，检测斗杆操纵杆推出侧的操作后，向操作盘输入挖掘角度指示信号，决定挖掘直线轨迹。根据时刻变化的斗杆角度信号与速度求得动臂的角度与速度，从而进行对动臂的自动控制。

在挖掘机的装载动作控制中，检测动臂操纵推出侧（提升）的操作后，将铲斗的复位高度与铲斗角度的指示信号输入，决定复位状态的动臂角度和铲斗角度，并与斗杆的运动配合，自动控制动臂与铲斗的运动以实现平稳的复位。

5. 液压挖掘机整机控制系统

（1）液压油温度控制系统　油温控制装置和工程建设机械自身的节能控制装置结合组成的液压油温度控制系统，如图4-8所示。

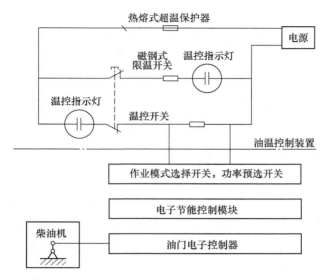

图 4-8 液压油温度控制系统

油温控制装置与节能控制装置组合后处于报警状态，该装置工作时先将热熔式超温保护器设定在系统的合理温度范围之内，然后闭合磁钢式限温开关，在自锁功能的控制下使温度控制开关断开。当油液温度升高到热熔式超温保护器的调定温度时，磁钢式限温开关自动断开，而温度控制开关吸合。与此同时，温度控制指示灯发亮，给予预警指示。该指示信号又通过电子节能控制模块的作业模式选择开关和油门电子控制器，对柴油机的油门开度进行控制，使柴油机转速降低，从而减小液压泵的流量，控制液压系统的热量产生，避免油液温度持续上升。

温度预警解除后通过磁钢式限温开关的吸合，消除油液升温对电子节能控制模块的影响，从而使挖掘机恢复正常工作状态。

（2）液压挖掘机工况监测与故障查找系统　液压挖掘机工况监测与故障查找系统在改进维修方式、保证安全运行和消除事故隐患等方面起着重要作用。该系统目前有两种形式：一种是诊断计算机——插入机上系统的手持式终端形式；另一种是随机安装的系统，它率先应用卫星通信技术，将各台作业中的挖掘机技术状况和故障信息由机载发射机发射到同步卫星上，再由卫星上的转发器发回维修管理中心，管理中心的计算机屏幕上实时显示各台挖掘机的运转情况。

上述手持式终端形式工况监测与故障查找系统的检测部分由机上传感器、插头及信号变换滤波器等组成，如图 4-9 所示。检测部分仅与机上两个插座连接（一个信号、一个电源），便于随时取下，且有助于减少因接触不良造成故障。

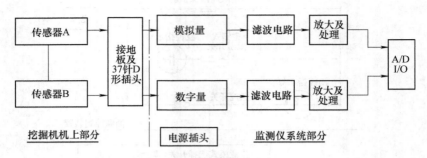

图 4-9　检测部分的组成

　　软件模块框图如图 4-10 所示，由于液压挖掘机结构复杂，功能多样，工况多变，所以工况监测与故障查找软件较大。参数检测利用时钟中断 20ms 采样一次，完成 A－D 转换定点运算（有些参数还需线性化插值处理），最后变成ASC Ⅱ码存于相应的液晶显示 RAM 中。

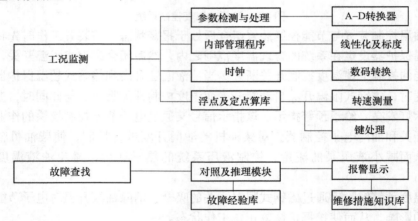

图 4-10　软件模块框图

　　故障查找法比较简单，主要在一路或多路参数中起限时作用，并对照故障经验库和维修措施知识库，找出故障原因和维修措施。

　　（3）自动挖掘控制系统　利用激光发射器的自动挖掘机控制系统如图 4-11 所示。其基本原理是在施工现场设置一个回转式激光发射器，它可以控制数台挖掘机在同一要求的基准面上作业。在挖掘机上装有激光接收器，其上有三只光靶——上、下光靶和基准光靶。当激光发射器发出的激光束恰好击中基准光靶时，挖掘机的工作装置保持在要求的理想工作面上作业。若外界因素变化使挖掘机的工作装置偏离了要求的理想工作面，则激光束或射在上光靶或射在下光靶，说明工作装置已产生了偏离现象。这时上光靶或下光靶将会把信号转化为电子指令信号驱使设在挖掘机上的分流阀动作，从而控制液压油的流向，使挖掘机的工作装置再次回到要求的理想工作面上作业。利用激光发射器的自动挖掘控制系统可大大减轻驾驶员的劳动强度，并获得较好的挖掘作业质量。

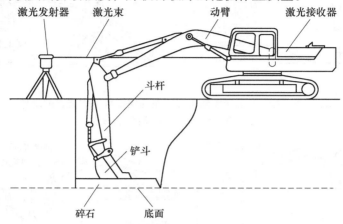

图 4-11 利用激光发射器的自动挖掘机控制系统

采用水平激光控制系统的液压挖掘机能连续水平挖掘，提高作业效率，其系统概要如图 4-12 所示，由水平激光控制系统控制的挖掘机工作装置的动作如图 4-13 所示，挖掘深度设定如图 4-14 所示。

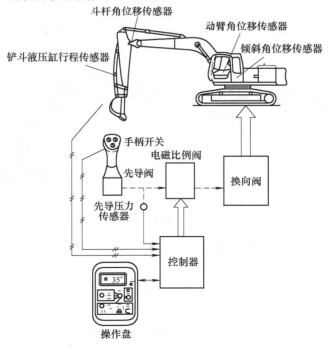

图 4-12 采用水平激光控制系统概要

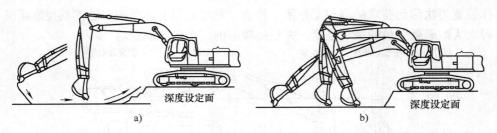

图 4-13　由水平激光控制系统控制的挖掘机工作装置的动作
a）斗杆挖掘操纵　b）动臂下降操纵

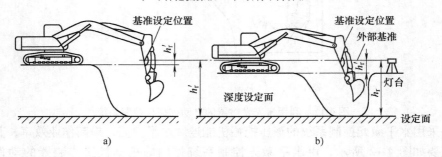

图 4-14　挖掘深度设定
a）移动时　b）设定时

由操作盘设定挖掘深度（精度 0.1m）、铲斗角度（精度 1°）和机件左右倾斜角（精度 0.1°），如图 4-15 所示。

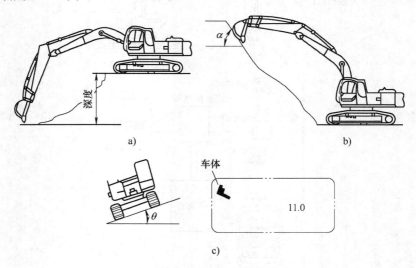

图 4-15　由操作盘设定各参数
a）挖掘深度　b）铲斗角度　c）机体左右倾斜角

采用水平激光控制系统后，对于标准的液压挖掘机，其工作装置的位置由动臂和斗杆的角度传感器、铲斗液压缸的行程传感器检出；操纵信号由先导阀压力传感器检出；转台上部的左、右、前、后倾角由倾斜角传感器检出。水平激光控制系统中还包括控制器、操作盘和各种设定开关（包括右操纵手柄上的外部基准设定开关）。同时，还加入了校正先导阀压力的电磁比例阀组，它位于先导阀和主换向阀之间，根据控制演算结果，对先导阀的油压进行校正（补偿），然后进行自动挖掘。

（4）遥控挖掘机 遥控挖掘机是指通过有线或无线电路装置进行操纵的挖掘机。一般有线遥控距离为 150～300mm，无线遥控距离为 1500～2000mm。

如图 4-16 所示，在远距离操纵装置内，操纵手柄的位移量转换为电压，再由 A－D 转换器转换成数字值，各操纵手柄的并联信号转换为串联信号，用无线电动机进行发射处理，其信号被发射至挖掘机上。挖掘机接收的信号与发射时的动作相反，转换成电流值，通过电磁比例减压阀，使执行元件（液压缸或液压马达）动作。其他动作也是靠接收无线信号后通过电磁阀来使执行元件动作的。

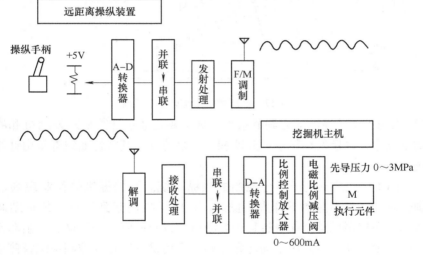

图 4-16　无线操纵系统原理

（5）液压挖掘机综合控制系统 采用综合控制系统对发动机、液压泵、换向阀、执行元件的运行和动作，以及故障诊断等进行综合管理，其综合控制系统如图 4-17 所示。

液压挖掘机综合控制系统的主要特点有：

1）采用了电子控制压力补偿的负荷传感液压系统。它由负荷传感控制阀和负荷传感控制变量泵组成，液压泵的输出流量始终等于执行元件（液压缸、液压马达）所需要的流量。

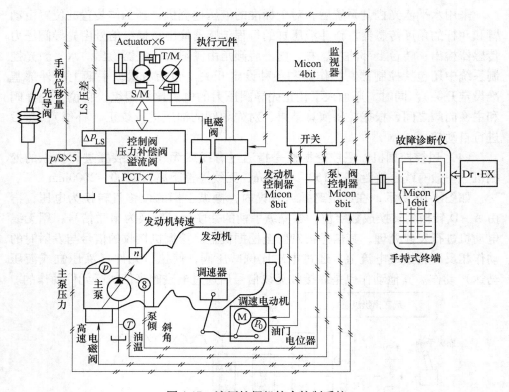

图 4-17　液压挖掘机综合控制系统

2）采用了电子控制动力调节系统。这主要是通过计算机对发动机和液压泵进行功率设定，确定发动机油门开度和液压泵特性，其特性曲线都是由计算机软件来决定的。

3）采用了人工与电子联合控制的操纵系统。因挖掘机的作业现场情况多变，操作复杂，尚不能离不开人工操纵，但电子控制起到了重要的辅助调节作用。例如，在挖掘机整个作业过程中驾驶员可以只操纵一个手柄，其余动作都是自动化的连锁运动。但采用手动优先原则，手动操纵时自动控制系统暂停动作。

4）采用了手持式终端故障诊断系统，可以使挖掘机出现的故障被及时发现和处理。

4.2.2　XE 系列中型挖掘机控制系统介绍

1. 硬件组成

包括：控制器、油门执行器、压力开关、比例电磁阀、油门旋钮、模式选择开关、自动怠速取消开关。

2. 控制功能

包括：电子油门控制、自动怠速功能、低速加速功能、增力控制、行走速度控制、模式控制、分级锁车功能、自动暖机功能、过热保护功能。

（1）电子油门控制　通过油门执行器实现发动机油门调速。

（2）自动怠速功能　所有的操纵手柄都在中位时，降低发动机转速，以减小油耗和噪声。

自动怠速生效条件：操作手柄处于中位 4s 后；自动怠速功能允许；油门旋钮设定转速大于自动怠速转速。

自动怠速取消条件：操纵手柄有动作；自动怠速功能取消；工作模式开关有转换；发动机油门旋钮有变化。

（3）低速加速功能　当发动机低速运转时，如果操纵手柄动作（压力开关动作），控制器驱动油门电动机使发动机转速增加到自动怠速转速。

低速加速生效条件：油门旋钮设定转速小于自动怠速转速；自动怠速功能允许；操纵手柄有动作。

低速加速取消条件：操纵手柄处于中位 4s 后；自动怠速功能取消；油门旋钮设定转速大于自动怠速转速。

（4）增力控制　挖掘作业时，如果需要更大的挖掘力（例如挖起岩石），可以按下增力开关，以将液压力提高 9% 左右并持续 8s，通过临时增大溢流压力增大挖掘力。

提高溢流压力条件：手动增力按钮按下；二次溢流阀断开（休息）8s 以上。

恢复溢流压力条件：二次溢流阀接通 8s 以上。

（5）行走速度控制　行走速度开关处于高速时，高低速电磁阀接通，改变行走马达斜盘角，使行走速度变快。

（6）模式控制　设置 H（重载）、S（标准）、L（轻载）、B（破碎）四种功率模式。根据不同工况选择相应的功率模式，保证工作效率，降低油耗。

在 H 模式下转速感应控制生效，根据发动机因负荷变化而产生的转速变化控制泵流量，在保证发动机功率得到最大利用的同时，发动机不会因为过载而熄火。

H 模式——发动机油门处于最大供油位置，泵设定为最高负载档，在此状态下，发动机用最高转速、最大功率，作业效率最高。

S 模式——适用于一般挖掘机及装载作业，周期短、耗油少、工作效率高。

L 模式——发动机转速较低，适合于挖掘机的平整作业。

B 模式——使用破碎装置时，限制主泵最大流量，通过限制转速实现。

（7）分级锁车　二级锁车时机器在自动怠速转速下运行；二级锁车时机器不能工作，二级锁车同时生效。

（8）自动暖机　发动机水温低于 10℃ 时，电子监控器输出低电平信号，使控制器暖机模式回路接通，控制发动机油门，使发动机在自动怠速转速下运转（控制器的暖机模式），在发动机水温大于 30℃ 或暖机进行达 6min 后该功能自动取消，系统进入正常运行模式。

自动暖机生效条件：发动机水温≤10℃；发动机起动后3s；油门旋钮设定转速小于自动怠速转速。

自动暖机取消条件：发动机水温≥30℃；自动暖机时间超过6min；油门旋钮有动作。

（9）过热保护 当发动机冷却水温 $T \geqslant 105℃$ 时，电子监控器通过 CAN 通信发送命令给 ESS 控制器，ESS 控制器使发动机在自动怠速转速下运行；当发动机冷却水温 $T \leqslant 100℃$ 时，电子监控器通过 CAN 通信发送取消命令给 ESS 控制器，过热保护功能取消。

4.2.3 XE 系列中型挖掘机监控仪表介绍

1. 功能

功能包括：油门电动机控制、模拟量/开关量监测、功率控制等。显示仪表在整个监测系统中负责通过从控制器读取数据，显示各路模拟量和开关量，并配合按键来完成相应的功能，其中包括功率模式选择、高低速选择、怠速选择、油门标定和参数修改等。控制器在整个监控系统中主要负责模拟量和开关量采集、油门电动机控制、功率控制等。

2. 工作环境参数

1）供电电源：DC18~32V。

2）工作温度：-20~70℃。

3）储存温度：-30~85℃。

4）相对湿度：30%~90%RH。

5）大气压力：86kPa 以上。

6）防护等级：IP65。

当以上一项或多项参数超出范围时，仪表可能会出现工作不正常或者损坏。

3. 使用注意事项

1）仪表属精密仪器，在安装过程中要轻拿轻放，且不能直接用水冲洗仪表及整个电气系统的任何部件。

2）仪表电源负极及地线校准线要单独引到电瓶负极手动开关车架端（不能采用就近搭铁的方式接地或与其他电气设备共线引到电瓶负极）。

3）仪表所有信号线（开关量及模拟量）的连接线要保证尽量可靠、牢固。

4）仪表与驾驶室安装连接的四个螺钉要拧紧，确保安装牢固，以保证仪表的正常使用。

5）所有传感器的安装过程中要保证传感器外螺纹及搭铁部分与其接触面连接良好，保证传感器的搭铁良好（安装表面尽量不用密封胶）。

6）所有搭铁线的安装点（与电缆线端子接触的表面）在电缆安装前应进行

严格的除漆、除氧化层处理，要保证接触表面平整、导通性能良好。

7）所有搭铁线线头上面绝缘保护橡胶套不能太长而影响线束的连接表面。

8）同一个地方安装的多根搭铁线要相互错位，以保证安装后全面接触。

9）系统搭铁线的安装底座焊接采用满焊，不得虚焊或夹焊渣。

10）若电瓶负极安装有手动开关，则要保证负极手动开关接触电阻在 0.001Ω 以内。

4.2.4 液压挖掘机 GPS 功能介绍

GPS 控制中心可使用 GPS 功能实现对挖掘机的远程监控，包括取消/激活 GPS 功能、远程查看挖掘机的运行参数、远程定位、对挖掘机进行 GPS 一级或二级锁车、GPS 解锁等。挖掘机在出厂前，都会激活 GPS 功能。

控制器接收到 GPS 控制中心发出锁车命令后，如果机器没有起动，则立即执行锁车操作；如果机器正在运行，则仪表将会提示"机器功能性故障，30min 后将执行保护，请将机器转移到安全位置，并立即与服务人员联系！"信息，此时请不要关闭发动机，因为一旦关机，系统会立即执行锁车。必须把挖掘机移到安全位置才能关机。当倒计时到 10min 时显示器提示"机器功能性故障，10min 后执行保护，请将机器转移到安全位置，并立即与服务人员联系！"信息；当倒计时到 1min 时，显示器提示"机器故障，请与服务人员联系！"信息，当倒计时结束时，立即执行锁车。

GPS 二级锁车时，发动机转速将只能保持在 1300r/min 左右；GPS 一级锁车时，发动机无法起动。

技能训练　挖掘机电气系统的安装与调整

一、主线束安装（图 4-18）

装配要点及检测要求如下：

1）线束要求捆扎美观，部分用绝缘胶带包扎，再用相应波纹管套装。

2）每根导线两端部分应标出相应的线号（器件带线束的除外），插接件

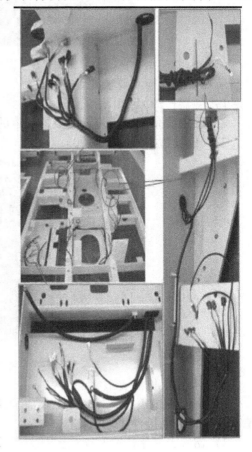

图 4-18　主线束安装

85

应编写代号，各插接件线端用扎带扎牢。

3）铭牌上文字内容与原理图对应。

4）线长按装配要求而定。

5）搭铁可靠。

二、器件板安装（图4-19）

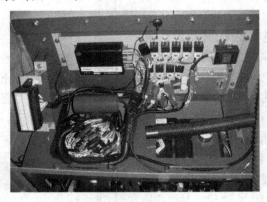

图4-19　器件板安装

装配要点及检测要求如下：

1）各器件的编号用标记纸贴上。

2）固定线束的卡箍位置可根据线束的具体走向适当调整。

三、驾驶室接线（图4-20）

图4-20　驾驶室接线

装配要点及检测要求如下：

1）每根导线两端部分应标出相应的线号（器件带线束的除外），插接件应编写代号，各插接件线端用扎带扎牢。

2）铭牌上文字内容与原理图对应。

3）线长按装配要求而定。

四、右扶手箱接线（图4-21）

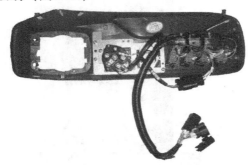

图4-21 右扶手箱接线

装配要点及检测要求如下：

1）每根导线两端部分应标出相应的线号（器件带线束的除外），插接件应编写代号，各插接件线端用扎带扎牢。

2）铭牌上文字内容与原理图对应。

3）电源线用红色，地线用黑色，控制线用白色。

五、左扶手箱接线（图4-22）

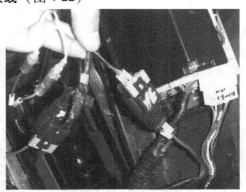

图4-22 左扶手箱接线

装配要点及检测要求如下：

1）每根导线两端部分应标出相应的线号（器件带线束的除外），插接件应编写代号，各插接件线端用扎带扎牢。

2）空调蒸发器自带插接件。

六、油箱部位接线（图4-23）

装配要点及检测要求如下：

1）回油压力发信器需提前安装。

2）进油压力发信器需提前安装。

3）怠速压力传感器需提前安装。

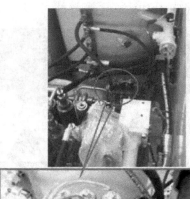

图 4-23 油箱部位接线

七、监控器接线（图 4-24）

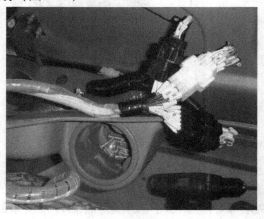

图 4-24 监控器接线

装配要点及检测要求如下：

1）每根导线两端部分应标出相应的线号（器件带线束的除外），插接件编写代号各插接件线端用扎带扎牢。

2）铭牌上文字内容与原理图对应。

3）线长按装配要求而定。

4）搭铁可靠。

八、后控制箱接线 （图 4-25）

图 4-25　后控制箱接线

装配要点及检测要求如下：

1）各器件的编号用标记纸贴上。

2）铭牌上文字内容与原理图对应。

3）线长按装配要求而定。

九、油门执行器安装 （图 4-26）

图 4-26　油门执行器安装

装配要点及检测要求如下：

1）各器件的编号用标记纸贴上。

2）铭牌上文字内容与原理图对应。

3）线长按装配要求而定。

十、主泵比例电磁阀接线 （图 4-27）

装配要点及检测要求如下：

1）导线两端部分应标出相应的线号，插接件应编写代号，各插接件线端用扎带扎牢。

2）铭牌上文字内容与原理图对应。

3）线长按装配要求而定。

4）搭铁可靠。

图 4-27 主泵比例电磁阀接线

十一、起动机接线（图 4-28）

图 4-28 起动机接线

装配要点极检测要求如下：

1）线束要求捆扎美观，部分用绝缘胶带包扎，再用相应波纹管套装。

2）每根导线两端部分应标出相应的线号（器件带线束的除外），插接件应编写代号，各插接件线端用扎带扎牢。

3）铭牌上文字内容与原理图对应。

4）线长按装配要求而定。

5）搭铁可靠。

6）电源线用红色，地线用黑色，控制线用白色。

复习思考题

1. 简述自动怠速生效条件和取消条件。
2. 简述低速加速生效条件和取消条件。
3. 简述过热保护。
4. 安装转速传感器的注意事项是什么？
5. 简述 GPS A 灯不亮或没有 1s 闪烁 1 次故障的解决方法。
6. 简述系统显示"GPS 通信异常"、挖掘机仪表自动锁车的原因及解决方法。

第5章

液压挖掘机整车装配与调试

 培训学习目标

1) 熟悉工作装配工艺流程。
2) 掌握液压挖掘机的装配工艺及装配要点。
3) 掌握装配质量的控制与检测方法。
4) 熟悉液压挖掘机调试工艺流程及要求。
5) 掌握液压挖掘机调试操作方法。
6) 掌握整机性能调试与相关检测的方法。

◇◇◇◇ 5.1 液压挖掘机下车部位装配

5.1.1 准备工作

1) 支重轮、夹轨器装配（表5-1）。

表5-1 支重轮、夹轨器装配任务准备

装配内容	序号	名　　称	数量	工　　具
支重轮	1	车架	1	
	2	支重轮总成	16	
	3	螺钉 M18×90	64	27 重型套筒扳手
夹轨器	4	夹轨器	2	
	5	螺钉 M16×45	8	24 套筒扳手
	6	平垫圈 φ16	8	
	7			重型气动扳手
	8			重型扳手接杆
	9			气动扳手
	10			扳手长接杆

2)导向轮、驱动轮、回转体装配(表5-2)。

表5-2　导向轮、驱动轮、回转体装配任务准备

装配内容	序号	名　称	数量	工　具
导向轮	1	引导轮总成	2	
	2	张紧轮装置	2	
驱动轮	3	驱动轮	2	
	4	行走减速机	2	
	5	螺钉 M16×60	104	24 重型套筒扳手
	6	平垫圈 ϕ16	104	
托链轮	7	托链轮	4	重型气动扳手
	8	螺钉 M16×45	16	24 重型套筒扳手
中心回转体	9	中心回转体	1	
	10	螺钉 M12×45	4	18 套筒扳手
	11	平垫圈 ϕ16	4	
	12	螺母 M12	4	16-18 呆扳手
	13	防尘圈	4	

3）下车液压系统装配（表5-3）。

表5-3　下车液压系统装配任务准备

装配内容	序号	名　称	数量	工　具
护套	1	橡胶护套Ⅰ	2	
	2	橡胶护套Ⅱ	2	
行走马达接头	3	接头Ⅰ	2	24-27 呆扳手
	4	接头Ⅱ	2	41-46 呆扳手
	5	接头Ⅲ	4	34-41 呆扳手
	6	接头Ⅳ	2	19-22 呆扳手
中心回转体	7	接头Ⅰ	1	18" 活扳手
	8	接头Ⅱ	2	24-27 呆扳手
	9	接头Ⅲ	1	36-41 呆扳手
	10	接头Ⅳ	1	41-46 呆扳手
液压胶管连接	11	软管总成Ⅰ	1	24-27 呆扳手
	12	软管总成Ⅱ	1	17-19 呆扳手
	13	软管总成Ⅲ	1	36-41 呆扳手
	14	软管总成Ⅳ	1	41-46 呆扳手
	15	软管总成Ⅴ	1	24-27 呆扳手
	16	软管总成Ⅵ	1	17-19 呆扳手
	17	软管总成Ⅶ	1	36-41 呆扳手
	18	软管总成Ⅷ	1	41-46 呆扳手
	19	扎带	8	剪刀

4）履带连接、盖板装配（表5-4）。

表 5-4　履带连接、盖板装配任务准备

装配内容	序号	名　称	数量	工　具
马达盖板	1	盖板	2	
	2	螺钉 M12×25	10	18 套筒扳手
	3	平垫圈 φ12	10	气动扳手
上部盖板	4	盖板	1	
	5	橡胶垫	1	
	6	螺钉 M10×20	2	16 套筒扳手
	7	平垫圈 φ10	2	
底盖	8	底盖	2	
	9	螺钉 M10×20	6	16 套筒扳手
	10	平垫圈 φ10	6	
	11	弹簧垫圈 φ10	6	
履带	12	密封式履带总成	2	铜棒
	13	防尘圈	4	铜棒
	14	销轴	1	

5）做好防护措施，穿好工作服，戴好工作帽。

6）准备吊装设备、装配工具和工装。

5.1.2　液压挖掘机下车部位装配工艺步骤

按表 5-5 所列的工艺步骤完成液压挖掘机下车部位的装配。

表 5-5　液压挖掘机下车部位装配工艺步骤

序号	工艺步骤	图　示	装配要点及检测要求
1	支重轮、夹轨器装配	清理下车架，确保各孔干净、无污物	1）螺钉安装前涂螺纹密封胶 2）装配支重轮螺钉时必须交叉轮番逐次拧紧 3）夹轨器上 M16 螺钉的拧紧力矩为 310N·m 4）支重轮上 M18 螺钉的拧紧力矩为 420N·m

（续）

序号	工艺步骤	图　　示	装配要点及检测要求
2	导向轮、驱动轮、回转体装配	紧固螺钉时按要求应在180°方向对称连续进行	1）螺钉安装前涂螺纹密封胶 2）装配托链轮、驱动轮与驱动马达螺钉时必须交叉轮番逐次拧紧 3）托链轮、驱动链轮与驱动马达上 M16 螺钉的拧紧力矩为 310N·m 4）中心回转体、驱动马达在装配前、装配中必须封好油口，保证其清洁度
3	下车液压系统装配		1）液压元件在装配前、装配中必须保证其清洁度 2）管路布置应整齐，并根据现实情况安排扎带位置
4	履带连接、盖板装配		1）装配履带总成时，应使履带下平面链轨节大头朝向驱动轮方向 2）履带张紧程度为：履带下垂 20～30mm

◇◇◇ 5.2　液压挖掘机上车部位装配

5.2.1　准备工作

1) 回转支承安装（表5-6）。

表5-6　回转支承安装任务准备

装配内容	序号	名　　称	数量	工　具
回转支承	1	转台支架	1	
	2	回转支承	1	
	3	垫块	32	
	4	螺钉 M22×110	32	34套筒扳手
	5	圆柱销 φ25×60	1	铜棒
	6	调整垫	若干	

2) 橡胶垫安装（表5-7）。

表5-7　橡胶垫安装任务准备

装配内容	序号	名　　称	数量	工　具
护套	1	护套 I	1	
	2	护套 II	2	
	3	护套 III	5	
	4	护套 IV	5	
	5	护套 V	1	
	6	护套 VI	4	

3) 阀块部装（表5-8）。

表5-8　阀块部装任务准备

装配内容	序号	名　　称	数量	工　具
梭阀总成 I	1	梭阀	1	
	2	接头	3	19扭力扳手
	3	三通接头	2	19扭力扳手
梭阀总成 II	4	梭阀	1	
	5	接头	3	19扭力扳手
电磁阀组	6	电磁阀	1	
	7	接头 I	5	19扭力扳手
	8	接头 II	1	19扭力扳手
先导油源块总成	9	先导油源泵	1	
	10	接头 I	1	24扭力扳手
	11	接头 II	3	19扭力扳手
	12	接头 III	1	22扭力扳手

4) 回转马达部装（表5-9）。

表 5-9　回转马达部装任务准备

装配内容	序号	名　　称	数量	工　具
回转减速机	1	回转减速机	1	
	2	接头 I	2	46 扭力扳手
	3	接头 II	1	41 扭力扳手
	4	接头 III	1	41 扭力扳手
	5	接头 IV	1	24 扭力扳手
	6	接头 V	1	24 扭力扳手
	7	接头 VI	2	19 扭力扳手
	8	接头 VII	1	19 扭力扳手
	9	接头 VIII	1	19 扭力扳手
	10	接头 IX	1	19 扭力扳手
	11	软管总成 I	1	27 扭力扳手
	12	软管总成 II	4	27 扭力扳手
	13	软管总成 III	1	19 扭力扳手
	14	软管总成 IV	1	27 扭力扳手
	15	接头 X	1	
	16	管堵	1	
	17	压力开关	1	

5）主阀接头部装（表 5-10）。

表 5-10　主阀接头部装任务准备

装配内容	序号	名　　称	数量	工　具
主阀、阀架	1	多路控制阀	1	
	2	阀架	1	
	3	螺钉 M12×40	3	18 套筒扳手
	4	平垫圈 φ12	3	
主阀接头	5	接头 I	16	19 扭力扳手
	6	接头 II	11	19 扭力扳手
	7	接头 III	5	19 扭力扳手
	8	接头 IV	3	19 扭力扳手
	9	接头 V	1	41 扭力扳手
	10	接头 VI	1	19 扭力扳手
	11	接头 VII	1	19 扭力扳手
	12	接头 VIII	1	19 扭力扳手
	13	三通接头	2	19 扭力扳手
	14	接头体	1	22 扭力扳手
	15	铜管 I	1	
	16	铜管 II	1	
	17	铜管 III	1	
	18	铜管 IV	1	
	19	铜管 V	1	
	20	铜管 VI	1	
	21	功能螺母	12	19 扭力扳手
	22	节流阀	2	22 扭力扳手

（续）

装配内容	序号	名　称	数量	工　具
主阀接头	23	过滤器	1	一字槽螺钉旋具
	24	接头	2	
	25	压力开关	1	
回油组件	26	回油块	1	
	27	O 形密封圈 61.5×3.55	1	
	28	螺钉 M12×10	4	18 呆扳手
	29	平垫圈 ϕ12	4	

6）主阀管路部装（表 5-11）。

表 5-11　主阀管路部装任务准备

装配内容	序号	名　称	数量	工　具
主阀胶管	1	软管总成 1	1	19 扭力扳手
	2	软管总成 2	1	19 扭力扳手
	3	软管总成 3	3	19 扭力扳手
	4	软管总成 4	3	19 扭力扳手
	5	软管总成 5	16	19 扭力扳手
	6	软管总成 6	11	19 扭力扳手
	7	软管总成 7	5	19 扭力扳手
	8	软管总成 8	3	19 扭力扳手
	9	软管总成 9	1	19 扭力扳手
	10	软管总成 10	1	19 扭力扳手
	11	软管总成 11	1	19 扭力扳手
	12	软管总成 12	1	19 扭力扳手
	13	软管总成 13	2	
	14	软管总成 14	1	
	15	软管总成 15	1	
	16	软管总成 I（不拧紧）	1	
	17	软管总成 II（不拧紧）	1	
	18	软管总成 III（不拧紧）	1	
	19	软管总成 IV（不拧紧）	1	
	20	软管总成 V（不拧紧）	1	
	21	软管总成 VI（不拧紧）	12	
	22	软管总成 16	2	
	23	软管总成 17	1	
	24	软管总成 18	2	
	25	软管总成 19	1	
	26	软管总成 20	1	
	27	软管总成 21	1	
	28	软管总成 22	1	
	29	软管总成 23	1	
	30	软管总成 24	1	
	31	软管总成 25	1	
	32	软管总成 26	1	

（续）

装配内容	序号	名　　称	数量	工　　具
主阀胶管	33	软管总成27	1	
	34	软管总成28	1	
	35	软管总成29	1	
	36	软管总成30	4	18 呆扳手
	37	软管总成31	1	
	38	动臂钢管总成Ⅰ	4	
	39	动臂钢管总成Ⅱ	4	

7）阀块、橡胶垫安装（表 5-12）。

表 5-12　阀块、橡胶垫安装任务准备

装配内容	序号	名　　称	数量	工　　具
梭阀	1	梭阀总成Ⅰ/Ⅱ	2	
	2	螺钉 M10×55	4	16 呆扳手
	3	平垫圈 ϕ10	4	
电磁阀组	4	电磁阀总成	1	
	5	螺钉 M8×16	2	13 呆扳手
	6	平垫圈 ϕ8	2	
主阀	7	主阀总成	1	
	8	螺钉 M16×40	4	24 套筒扳手
	9	平垫圈 ϕ16	4	
先导油源块	10	先导阀块总成	1	
	11	螺钉 M10×25	3	16 呆扳手
	12	平垫圈 ϕ10	3	
驾驶室减振	13	橡胶垫	4	
	14	螺钉 M10×35	16	16 套筒扳手
	15	平垫圈 ϕ10	16	
	16	弹簧垫圈 ϕ10	16	

8）上、下车连接及回转马达安装（表 5-13）。

表 5-13　上、下车连接及回转马达安装任务准备

装配内容	序号	名　　称	数量	工　　具
上、下车连接	1	垫块	36	
	2	螺钉 M20×110	36	36 套筒扳手
回转减速机	3	回转减速机	1	
	4	圆柱销 ϕ24×70	1	铜棒
	5	螺钉 M20×70	13	30 套筒扳手
	6	平垫圈 ϕ20	13	
	7	扎带	若干	
拨叉安装	8	拨叉	1	
	9	防尘罩	1	
	10	螺钉 M12×30	2	18 套筒扳手
	11	平垫圈 ϕ12	2	

9）液压管路安装（表5-14）。

表 5-14　液压管路安装任务准备

装配内容	序号	名　称	数量	工　具
电磁阀组管路	1	软管总成Ⅰ	1	
	2	软管总成Ⅱ	1	
	3	软管总成Ⅲ	1	
	4	软管总成Ⅳ	1	
	5	软管总成Ⅴ	1	
回转梭阀管路	6	软管总成Ⅰ	1	
	7	软管总成Ⅱ	1	
	8	软管总成Ⅲ	1	
	9	软管总成Ⅳ	1	
	10	软管总成Ⅴ	1	
加力梭阀管路	11	软管总成Ⅰ	1	
	12	软管总成Ⅱ	1	
	13	软管总成Ⅲ	1	
盖板安装	14	盖板	1	
	15	密封垫	1	
	16	螺钉 M10×30	2	
	17	平垫圈 ϕ10	2	
	18	弹簧垫圈 ϕ10	2	
回转马达	19	软管总成	1	
中心回转体管路	20	接头Ⅰ	1	
	21	接头Ⅱ	4	
	22	接头Ⅲ	1	
	23	接头Ⅳ	2	
	24	软管总成Ⅰ	1	
	25	软管总成Ⅱ	1	
	26	软管总成Ⅲ	1	
	27	软管总成Ⅳ	1	
	28	软管总成Ⅴ	1	

10）做好防护措施，穿好工作服，戴好工作帽。

11）准备吊装设备、装配工具和工装。

5.2.2　液压挖掘机上车部位装配工艺步骤

按表 5-15 所列的工艺步骤完成液压挖掘机上车部位的装配。

表 5-15　液压挖掘机上车部位装配

序号	工艺步骤	图　示	装配要点及检测要求
1	回转支承安装	紧固螺钉时，按要求应在180°方向上对称连续进行	1）装配回转支承时，支承面、各孔应清洗干净，在转台和车架的接合面上涂金属粘结剂，在螺钉上涂螺纹紧固胶 2）回转支承内、外圈软带区应置于转台的左（或右）侧位置，吊装到位后，用塞尺检测贴合面的平面度，周围应贴合均匀，间隙不超过 0.19mm 3）拧紧回转支承螺钉时，应在 180° 方向上对称连续进行，先预紧一遍，最后通紧一遍，M22 螺钉的预紧力矩为 550 N·m，拧紧力矩为 700 N·m 4）装配后回转支承内、外齿圈应能灵活转动，无异响
2	橡胶垫安装		1）液压元件在装配前、装配中必须保证其清洁度 2）所有橡胶护套安装后不可攒动

101

（续）

序号	工艺步骤	图　示	装配要点及检测要求
3	阀块部装		1）液压元件在装配前、装配中必须保证其清洁度 2）管路布置应整齐，并按现实情况安排扎带位置 3）液压元件必须封口存放
4	回转马达部装		1）液压元件在装配前、装配中必须保证其清洁度 2）液压元件必须封口存放
5	主阀部装1		1）液压元件在装配前、装配中必须保证其清洁度 2）液压元件必须封口存放 3）接头紧固必须符合紧固力矩要求

（续）

序号	工艺步骤	图　示	装配要点及检测要求
6	主阀部装 2		1）液压元件在装配前、装配中必须保证其清洁度 2）液压元件必须封口存放 3）接头紧固必须符合紧固力矩要求
7	阀块、橡胶垫安装		液压元件在装配前、装配中必须保证其清洁度

（续）

序号	工艺步骤	图　示	装配要点及检测要求
8	上、下车连接，回转马达安装	回转支承和回转减速机安装螺钉拧紧前，根据齿轮节圆径向圆跳动最高点调节齿侧间隙，可在减速机安装接合面上垫薄铜皮进行调整，全部螺钉拧紧后，在全部齿圈上进行一次齿侧间隙的检查：①接触斑点分布应趋近于齿面中部，齿顶和齿端部棱边处不允许接触，且接触斑点高度不小于30%，长度不小于全长的40%；②最小啮合侧隙为0.656mm，最大啮合侧隙为0.83mm	1）装配回转支承时支承面、各孔应清洗干净，在转台和车架的接合面上涂金属粘结剂，在螺钉上涂螺纹紧固胶 2）拧紧回转支承螺钉时，应在180°方向上对称连续进行，先预紧一遍，最后通紧一遍，M20螺钉的预紧力矩为410 N·m，拧紧力矩为520 N·m 3）装配后回转支承内、外齿圈应能灵活转动，无异响 4）拧紧回转减速机螺钉时，应在180°方向上对称连续进行，先预紧一遍，最后通紧一遍，M20螺钉的预紧力矩为350 N·m，拧紧力矩为430 N·m 5）装配前，在大、小齿轮上抹锂基脂，回转支承加2号极压锂基脂，直至溢出 6）放油管用线束固定在回转马达进油管上，并使外端口朝上
9	液压管路安装	各胶管应排放整齐，不应有扭曲现象，且应捆扎可靠	1）液压元件在装配前、装配中必须保证其清洁度 2）液压元件必须封口存放 3）接头紧固必须符合紧固力矩要求

◇◇◇ 5.3　液压挖掘机动力装置装配

5.3.1　准备工作

1) 主泵安装 (表 5-16)。

表 5-16　主泵安装任务准备

装配内容	序号	名　称	数量	工　具
主泵部装	1	主泵	1	
	2	接头 I	2	41 扭力扳手
	3	接头 II	2	46 扭力扳手
	4	接头 III	2	46 扭力扳手
	5	接头 IV	1	46 扭力扳手
	6	软管总成 I	1	19 扭力扳手
	7	软管总成 II	1	36 扭力扳手
	8	软管总成 III	1	36 扭力扳手
	9	软管总成 IV	1	27 扭力扳手
	10	接头 V	1	24 扭力扳手
	11	接头 VI	6	19 扭力扳手
	12	三通接头	2	19 扭力扳手
	13	静压接头	4	19 扭力扳手
	14	过滤器	1	一字槽螺钉旋具
	15	接头 VII	1	19 扭力扳手
	16	接头体	1	22 扭力扳手
主泵安装	17	主泵接盘	1	扳手长接杆
	18	螺钉 M20×55	4	30 套筒扳手
	19	联轴器	1	14 套筒扳手
	20	螺钉 M10×30	9	16 套筒扳手
	21	平垫圈 φ10		
消声器支架安装	22	消声器支架	1	
	23	螺钉 M10×35	3	16 套筒扳手
	24	平垫圈 φ10	3	

2) 发动机部装 1 (表 5-17)。

表 5-17　发动机部装 1 任务准备

装配内容	序号	名　称	数量	工　具
消声器安装	1	发动机	1	
	2	消声器	1	
	3	螺钉 M12×35	4	18 套筒扳手
	4	平垫圈 φ12	4	18 呆扳手
	5	螺母 M12	4	
	6	排气管	1	
	7	垫片	1	
	8	螺母 M8 (自锁)	4	13 套筒扳手
	9	乙烯管 SFG-2-8×2×1000	1	
	10	软管卡箍 φ11~19	1	一字槽螺钉旋具

（续）

装配内容	序号	名　　称	数量	工　　具
	11	支架	1	
	12	螺钉 M6×16	2	10 套筒扳手
	13	平垫圈 φ6	2	
	14	支架	1	
	15	螺钉 M10×1.25×20	1	16 套筒扳手
	16	垫圈 φ10	1	扳手长接杆
	17	螺钉 M8×16	1	13 套筒扳手
进气管路	18	平垫圈 φ8	1	
	19	T 型卡箍 I	1	10 快速旋具
	20	成型胶管	1	
	21	I 型卡箍 II	1	10 快速旋具
	22	钢管总成	1	
	23	螺钉 M8×20	4	13 套筒扳手
	24	平垫圈 φ8	4	
	25	螺母 M8	4	

3）发动机部装 2（表 5-18）。

表 5-18　发动机部装 2 任务准备

装配内容	序号	名　　称	数量	工　　具
	1	支架 I	1	
	2	支架 II	1	
	3	螺钉 M10×25	8	16 套筒扳手
减振器安装	4	平垫圈 φ10	8	
	5	减振垫	2	
	6	螺母 M10×15	1	16 套筒扳手
	7	螺母 M12×25	2	18 套筒扳手
	8	弹簧垫圈 φ12	2	
	9	柴油管总成 EL2200	1	
燃油管路	10	柴油管总成 DL2800	1	
	11	软管卡箍 φ11～19	2	一字槽螺钉旋具
	12	上水管	1	
冷却管路	13	下水管	1	
	14	软管卡箍 φ51～76	2	一字槽螺钉旋具
	15	接头 I	1	27 呆扳手
空调水管	16	接头 II	1	27 呆扳手
	17	软管卡箍 φ15～29	2	
机滤管路	18	弯头（带密封圈）	2	32 呆扳手
	19	软管总成 F4HTCACA222212–1400	2	36 呆扳手
油门支架	20	油门支架改制	1	
扇叶保护	21	发动机自带件	1	

4）散热器部装（表 5-19）。

表 5-19　散热器部装任务准备

装配内容	序号	名　　称	数量	工　具
散热器	1	散热器	1	
	2	海棉条 60×60×150	1	
	3	海棉条 60×60×90	1	
	4	海棉条 20×20×820	1	
	5	散热器左支架	1	
	6	散热器右支架	1	
	7	油冷却器	1	
	8	油冷却器左支架	1	
	9	油冷却器右支架	1	
	10	螺钉 M8×20	6	12 套筒扳手
	11	平垫圈 φ8	6	
	12	弹簧垫圈 φ8	6	
	13	支架Ⅰ	1	
	14	支架Ⅱ	1	
	15	过滤板	1	
	16	螺钉 M6×16	8	10 呆扳手
	17	平垫圈 φ6	8	
	18	弹簧垫圈 φ6	8	
	19	螺钉 M8×25	6	
	20	平垫圈	6	
	21	橡胶垫Ⅰ	1	
	22	橡胶垫Ⅱ	1	
	23	螺母 M8	6	
	24	衬套	1	
	25	螺钉 M6×12	6	10 套筒扳手
	26	平垫圈 φ8	6	
	27	橡胶垫Ⅲ	1	
	28	橡胶垫Ⅳ	1	
	29	槽型支架Ⅰ	1	
	30	槽型支架Ⅱ	1	
	31	导向罩	1	
	32	橡胶垫Ⅴ	1	
	33	卡箍	若干	
	34	螺钉 M6×70	4	
	35	螺母 M6	4	
	36	右支架	1	
	37	左支架	1	
	38	螺钉 M8×20	7	12 套筒扳手
	39	平垫圈 φ8	7	
	40	弹簧垫圈 φ8	7	
	41	螺母 M8	7	
	42	螺钉 M10×25	2	
	43	螺钉 M8×20	2	

（续）

装配内容	序号	名　　称	数量	工　　具
散热器	44	平垫圈 $\phi10$	2	
	45	弹簧垫圈 $\phi10$	2	
	46	螺母 M10	2	
	47	橡胶垫Ⅵ	1	
	48	密封条 $L=40mm$	1	
	49	密封条 $L=1400mm$	1	
	50	密封条 $L=130mm$	1	

5）发动机安装（表5-20）。

表5-20　发动机安装任务准备

装配内容	序号	名　　称	数量	工　　具
发动机安装	1	发动机总成	1	
	2	螺钉 M10×30	6	
	3	螺钉 M10×35	6	
	4	平垫圈 $\phi10$	6	
	5	螺母 M10	6	
	6	后减振垫	2	
	7	螺钉 M18×55	4	
	8	平垫圈 $\phi18$	4	
	9	螺钉 M12×40	6	
	10	平垫圈 $\phi12$	6	12套筒扳手
	11	弹簧垫圈 $\phi12$	6	
	12	螺母 M12	6	
	13	废气管	1	
	14	卡箍	1	
散热器安装	15	散热器总成	1	
	16	螺钉 M12×35	4	10呆扳手
	17	平垫圈 $\phi12$	4	
	18	弹簧垫圈 $\phi12$	4	
	19	软管卡箍 $\phi51\sim76$	1	
空气滤清器安装	20	底座	1	
	21	螺钉 M10×25	4	
	22	平垫圈 $\phi10$	4	
	23	T型卡箍Ⅰ	1	
	24	成型胶管	1	
	25	T型卡箍Ⅱ	1	10套筒扳手
	26	空气过滤器	1	
	27	空气过滤器箍带	若干	
	28	平垫圈 $\phi10$	6	
	29	螺母 M10	6	
	30	螺钉 M8×35	4	
	31	螺母 M8	4	

（续）

装配内容	序号	名　　称	数量	工　具
空气滤清器安装	32	空气过滤器进气箱	1	
	33	螺钉 M8×20	4	
	34	平垫圈 φ8	4	
海绵粘贴	35	隔热海绵	1	

6）发动机附件安装（表5-21）。

表5-21　发动机附件安装任务准备

装配内容	序号	名　　称	数量	工　具
散热器备用罐安装	1	散热器备用罐	1	
	2	输水胶管 φ8×1400	1	
	3	平偏式带胶套卡箍	2	
	4	螺钉 M6×16	2	
	5	平垫圈 φ6	2	
	6	输水胶管 φ8×450	1	
	7	软管卡箍 φ1119	3	一字槽螺钉旋具
	8	储水罐安装架	1	
	9	螺钉 M10×20	2	16 呆扳手
	10	平垫圈 φ10	2	
	11	弹簧垫圈 φ10	2	
燃油系统安装	12	燃油过滤器	1	
	13	螺钉 M10×35	2	16 呆扳手
	14	螺钉 M10×70	1	
	15	平垫圈 φ10	3	
	16	弹簧垫圈 φ10	3	
	17	平偏式带胶套卡箍	3	
	18	螺钉 M6×16	4	10 呆扳手
	19	平垫圈 φ6	4	
	20	垫片	1	
	21	空心螺钉	1	
机滤系统安装	22	机油过滤器	2	
	23	弯头（带密封圈）	2	32 呆扳手
	24	螺钉	4	16 呆扳手
	25	螺钉 M10×10	1	16 套筒扳手
	26	平垫圈 φ10	1	
	27	平偏式带胶套卡箍	1	
	28	螺钉 M6×16	1	10 套筒扳手
	29	平垫圈 φ6	1	
拉杆安装	30	拉杆	1	
	31	螺钉 M16×35	2	24 套筒扳手
	32	平垫圈 φ16	2	

7）空调安装（表5-22）。

表 5-22　空调安装任务准备

装配内容	序号	名　　称	数量	工　具
空调冷凝器安装	1	空调冷凝器	1	
	2	连接板	1	
	3	螺钉 M8×20	4	
	4	平垫圈 φ8	8	
	5	弹簧垫圈 φ8	8	
	6	螺母 M8	8	
	7	支架	1	
	8	螺钉 M8×30	4	
空调储液器安装	9	空调储液器	1	
	10	螺钉 M6×16	2	
	11	平垫圈 φ6	4	
	12	弹簧垫圈 φ6	4	
	13	螺母 M6	4	
空调压缩机安装	14	空调压缩机	1	
	15	空调压缩机支架	1	
	16	螺钉	4	
	17	平垫圈 φ8	2	
	18	弹簧垫圈 φ8	2	
	19	螺钉 M10×1.25×20	2	
	20	螺钉 M10×1.25×60	2	
	21	平垫圈 φ10	4	
	22	弹簧垫圈 φ10	4	
	23	轴	1	
	24	轴挡	1	
	25	轮	1	
	26	轴承 6303-2RZ	1	
	27	轴套	1	
	28	挡圈 φ47	2	
	29	V 型管	1	
	30	螺钉 M8×80	1	
	31	螺钉 M8×30	1	
	32	螺钉 M8×35	1	

8）做好防护措施，穿好工作服，戴好工作帽。

9）准备吊装设备、装配工具和工装。

5.3.2　液压挖掘机动力装置装配工艺步骤

按表 5-23 所列的工艺步骤完成液压挖掘机动力装置的装配。

表 5-23　液压挖掘机动力装置装配

序号	工艺步骤	图　示	装配要点及检测要求
1	主泵安装		1）液压元件在装配前、装配中必须保证其清洁度 2）液压元件必须封口存放 3）序号 18 螺钉 M20×55 的紧固力矩为 610N·m，序号 20 螺钉 M10×30 的紧固力矩为 72N·m 4）螺钉安装前需涂抹螺纹紧固胶
2	发动机部装 1		1）螺钉安装前需涂抹螺纹紧固胶 2）机油加注量需符合加注要求

（续）

序号	工艺步骤	图 示	装配要点及检测要求
3	发动机部装2		1）液压元件在装配前、装配中必须保证其清洁度 2）液压元件必须封口存放 3）螺钉安装前需涂抹螺纹紧固胶
4	散热器部装		1）序号4海棉条20×20×820现场粘接在散热器合适位置上，再装配橡胶垫 2）待总成装配后，序号2、3海棉条再用胶固定

（续）

序号	工艺步骤	图　示	装配要点及检测要求
5	发动机安装		1）风扇与导风罩的周边距离保证<8mm，并间隙均匀，风扇后部外露部分为风扇宽度的1/3 2）空气滤清器固定可靠，进气管连接可靠，不得漏气，喉箍位置正确、拧紧可靠，并保证有一定的调节量
6	发动机附件安装		1）发动机进、出水管，柴油管和发动机进、排气管的连接可靠，无干涉现象 2）确认柴油管与油水分离器、电子加油泵间的连接顺序正确

（续）

序号	工艺步骤	图　示	装配要点及检测要求
7	空调安装	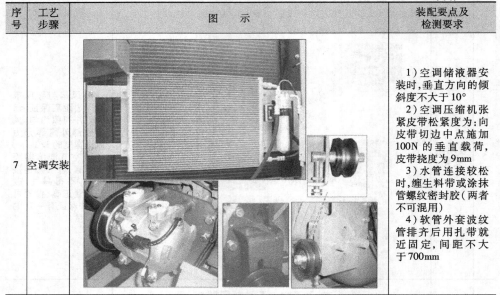	1）空调储液器安装时，垂直方向的倾斜度不大于10° 2）空调压缩机张紧皮带松紧度为：向皮带切边中点施加100N的垂直载荷，皮带挠度为9mm 3）水管连接较松时，缠生料带或涂抹管螺纹密封胶（两者不可混用） 4）软管外套波纹管排齐后用扎带就近固定，间距不大于700mm

◇◇◇ 5.4　液压挖掘机操纵装置装配

5.4.1　准备工作

1）操纵底板部装1（表5-24）。

表5-24　操纵底板部装1任务准备

装配内容	序号	名　　称	数量	工　　具
行走先导阀总成	1	先导阀	1	
	2	接头Ⅰ	6	19扭力扳手
	3	接头Ⅱ	4	19扭力扳手
	4	接头Ⅲ	1	19扭力扳手
	5	接头体	1	22扭力扳手
	6	过滤器	1	一字槽螺钉旋具
操纵杆总成	7	操纵杆	2	丝锥、铰杠
	8	螺母M10	2	16快速旋具
	9	手柄	2	
操纵杆、阀连接	10	螺钉M10×30	4	
	11	平垫圈φ10	4	
脚踏板总成	12	脚踏板支架	2	
	13	胶垫	2	
	14	垫板	2	
	15	螺钉M10×25	4	16快速旋具
	16	平垫圈φ10	4	
	17	螺母M10	4	16快速旋具

（续）

装配内容	序号	名　称	数量	工　具
踏板、行走阀安装	18	底板	1	
	19	螺钉 M10×30	8	
	20	平垫圈 φ10	8	
先导操纵阀总成	21	左先导控制阀	1	
	22	右先导控制阀	1	
	23	接头	12	19 扭力扳手
护套安装	24	橡胶圈 I	1	
	25	橡胶圈 II	1	
	26	护套	1	

2）操纵底板部装 2（表 5-25）。

表 5-25　操纵底板部装 2 任务准备

装配内容	序号	名　称	数量	工　具
椅座总成	1	下支架	1	
	2	上支架	6	19 扭力扳手
	3	安装支架	4	19 扭力扳手
	4	螺钉 M10×30	1	19 扭力扳手
	5	平垫圈 φ10	1	22 扭力扳手
	6	弹簧垫圈 φ10	1	一字槽螺钉旋具
	7	螺母 M10	1	丝锥、铰杠
	8	单锁滑轨	2	16 快速旋具
	9	螺钉 M8×20	2	
	10	螺钉 M8×16	2	
	11	平垫圈 8	4	
	12	螺母 M10	2	
	13	前挡板	2	
	14	螺钉 M6×20	2	
	15	平垫圈 φ6	4	
	16	弹簧垫圈 φ6	4	
	17	螺母 M10	4	16 快速旋具
	18	盖板	1	
	19	平垫圈 φ6	8	
扶手箱、座椅安装	20	座椅	8	
	21	螺钉 M8×25	12	
	22	平垫圈 φ8	12	
	23	弹簧垫圈 φ8	12	
	24	左扶手箱	1	
	25	右扶手箱	1	
	26	螺钉 M10×20	6	
	27	平垫圈 φ10	6	
	28	弹簧垫圈 φ10	6	

3）空调部装（表 5-26）。

表 5-26　空调部装任务准备

装配内容	序号	名　　称	数量	工　具
空调总成	1	空调总成	1	
	2	前出风口	6	19 扭力扳手
	3	螺钉 ST3.5×9.5	4	
	4	上进风口	1	19 扭力扳手
	5	下进风口	1	22 扭力扳手
	6	输水胶管 $\phi14$, $L=3300$	1	一字槽螺钉旋具
	7	软管卡箍 $\phi16\sim25$	2	丝锥、铰杠
	8	螺钉 M6×12	2	16 快速旋具
	9	平垫圈 $\phi6$	2	
	10	弹簧垫圈 $\phi6$	2	
	11	螺钉 M12×30	4	
	12	平垫圈 $\phi12$	4	
	13	弹簧垫圈 $\phi12$	4	
	14	尼龙护套	2	

4）先导阀安装（表 5-27）。

表 5-27　先导阀安装任务准备

装配内容	序号	名　　称	数量	工　具
集油块总成	1	接头块	1	
	2	接头Ⅰ	2	6 内六角螺钉扳手
	3	接头Ⅱ	1	24 扭力扳手
	4	接头Ⅲ	7	19 扭力扳手
	5	接头Ⅳ	2	19 扭力扳手
	6	过滤器	2	一字槽螺钉旋具
	7	接头体	2	
集油块总成	8	螺钉 M10×60	2	8 内六角螺钉扳手
	9	平垫圈 $\phi10$	2	
液压连接	10	软管总成Ⅰ	1	19 扭力扳手
	11	软管总成Ⅱ	1	19 扭力扳手
	12	软管总成Ⅲ	1	19 扭力扳手
	13	软管总成Ⅳ	1	19 扭力扳手
	14	软管总成Ⅴ	1	19 扭力扳手
	15	软管总成Ⅵ	4	19 扭力扳手
	16	软管总成Ⅶ	4	19 扭力扳手
	17	软管总成Ⅷ	4	22 扭力扳手
管夹总成	18	压板	2	
	19	支块	4	
	20	螺钉 M10×30	4	16 套筒扳手
	21	平垫圈 $\phi10$	4	
空调软管	22	螺母 M8	4	10 呆扳手
	23	平垫圈 $\phi8$	4	
	24	螺母 M10	4	13 呆扳手
	25	平垫圈 $\phi10$	4	
滴水管	26	滴水管	1	
	27	卡箍 $\phi10\sim16$	1	一字槽螺钉旋具

5）驾驶室安装 1（表 5-28）。

表 5-28　驾驶室安装 1 任务准备

装配内容	序号	名　称	数量	工　具
管夹总成	1	压板	1	
	2	底板总成	1	
	3	螺钉 M10×20	4	16 套筒扳手
	4	平垫圈 φ10	4	
驾驶室、底板、机架连接	5	驾驶室	1	
	6	螺钉 M16×45	4	
	7	平垫圈 φ16	4	
	8	弹簧垫圈 φ16	4	
	9	螺钉 M16×40	2	
	10	螺钉 M16×100	1	
	11	平垫圈 φ16	3	
	12	螺钉 M8×16	1	
	13	平垫圈 φ8	1	
	14	弹簧垫圈 φ8	1	
空调架支架总成	15	橡胶垫板	4	
	16	支架 Ⅰ		
	17	支架 Ⅱ		
	18	支架 Ⅲ	2	
	19	密封条	4	
	20	螺钉 M8×16	4	12 套筒扳手
	21	螺钉 M8×20	4	12 套筒扳手
	22	平垫圈 φ8	8	扭力扳手
	23	弹簧垫圈 φ8	8	
	24	螺钉 M10×30	1	16 套筒扳手
	25	平垫圈 φ10	1	
	26	弹簧垫圈 φ10	1	
	27	支承板	1	

6）驾驶室安装 2（表 5-29）。

表 5-29　驾驶室安装 2 任务准备

装配内容	序号	名　称	数量	工　具
空调风管安装	1	卡箍 φ40 ~ 46	4	一字槽螺钉旋具
	2	卡箍 φ51 ~ 76	2	一字槽螺钉旋具
	3	空调罩	1	
内饰板安装	4	内饰板	1	
	5	螺钉 M5×25	4	十字槽螺钉旋具
	6	螺钉 M5×20	6	十字槽螺钉旋具
喷水壶安装	7	喷水壶	1	
	8	螺钉 M5×22	2	十字槽螺钉旋具
驾驶室扶手	9	驾驶室扶手	1	
	10	螺钉 M10×25	2	16 快速旋具

7）先导阀胶管安装（表5-30）。

表5-30　先导阀胶管安装任务准备

装配内容	序号	名　　称	数量	工　具
管路连接	1	软管总成1	1	19 扭力扳手
	2	软管总成2	2	19 扭力扳手
	3	软管总成3	1	19 扭力扳手
	4	软管总成4	7	19 扭力扳手
	5	软管总成5	2	19 扭力扳手
	6	软管总成6	2	19 扭力扳手
	7	软管总成7	2	19 扭力扳手
	8	软管总成8	2	19 扭力扳手
	9	软管总成9	2	19 扭力扳手
	10	软管总成10	1	19 扭力扳手
	11	软管总成11	1	19 扭力扳手
	12	软管总成12	1	19 扭力扳手
	13	软管总成13	1	19 扭力扳手
	14	软管总成14	1	19 扭力扳手
	15	软管总成15	4	19 扭力扳手
	16	软管总成16	1	19 扭力扳手
操纵阀安装	17	螺钉 M8×20	2	19 扭力扳手
	18	平垫圈 $\phi8$	2	19 扭力扳手
先导防护套	19	尼龙护套	1	5 内六角螺钉扳手

8）上车胶管部装1（表5-31）。

表5-31　上车胶管部装1任务准备

装配内容	序号	名　　称	数量	工　具
动臂油路	1	弯板	1	
	2	螺钉 M12×30	2	18 快速旋具
	3	平垫圈 $\phi12$	2	
	4	弹簧垫圈 $\phi12$	2	
	5	管夹	1	
	6	螺钉 M12×60	1	18 快速旋具
	7	管夹	1	
	8	螺钉 M12×65	1	18 快速旋具
	9	平垫圈 $\phi12$	1	
	10	动臂钢管总成Ⅰ	1	
	11	动臂钢管总成Ⅱ	1	
	12	软管总成	4	44 扭力扳手
	13	堵头	4	44 扭力扳手
主泵油管管夹	14	支架	1	
	15	螺钉 M10×30	2	16 快速旋具
	16	平垫圈 $\phi10$	2	
	17	压板	1	
	18	上管夹	1	

（续）

装配内容	序号	名　　称	数量	工　具
主泵油管管夹	19	下管夹	1	
	20	螺钉 M12×90	1	18 呆扳手
	21	平垫圈 φ12	1	
	22	螺母 M12	1	18 呆扳手
先导油管管夹	23	单偏式软管卡箍	1	
	24	螺钉 M10×30	1	16 呆扳手
	25	平垫圈 φ10	1	
先导油源块布管	26	软管总成Ⅰ	1	22 扭力扳手
	27	软管总成Ⅱ	1	19 扭力扳手
	28	软管总成Ⅲ	1	27 扭力扳手
	29	软管总成Ⅳ	1	19 扭力扳手
	30	软管总成Ⅴ	1	19 扭力扳手

9）上车胶管部装 2（表 5-32）。

表 5-32　上车胶管部装 2 任务准备

装配内容	序号	名　　称	数量	工　具
先导回油管路	1	软管总成Ⅰ	1	19 扭力扳手
	2	软管总成Ⅱ	2	19 扭力扳手
	3	软管总成Ⅲ	1	19 扭力扳手
	4	软管总成Ⅳ	7	19 扭力扳手
	5	软管总成Ⅴ	2	19 扭力扳手
	6	软管总成Ⅵ	2	19 扭力扳手
	7	软管总成Ⅶ	2	19 扭力扳手
	8	软管总成Ⅷ	2	19 扭力扳手
	9	软管总成Ⅸ	2	19 扭力扳手
回转马达管路	10	软管总成Ⅰ	1	8 内六角螺钉扳手
	11	软管总成Ⅱ	1	8 内六角螺钉扳手

10）回油管路安装（表 5-33）。

表 5-33　回油管路安装任务准备

装配内容	序号	名　　称	数量	工　具
回油管路安装（油箱—主阀—散热器—油箱）	1	法兰	2	
	2	O 形密封圈 6.15×3.55	4	
	3	单向阀Ⅰ	1	
	4	单向阀Ⅱ	1	
	5	回油钢管总成	1	
	6	油胶管	1	
	7	T 型卡箍	4	10 快速旋具
	8	钢管总成Ⅰ	1	
	9	螺钉 M12×75	8	18 快速旋具
	10	平垫圈 φ12	8	
	11	堵头	1	41 扭力扳手
	12	软管总成Ⅰ	1	60 扭力扳手

（续）

装配内容	序号	名　　称	数量	工　　具
	13	软管总成Ⅱ	1	60 扭力扳手
	14	堵头	2	6 内六角螺钉扳手
	15	接头Ⅰ	1	13 快速旋具
	16	接头Ⅱ	1	13 快速旋具
	17	钢管总成Ⅱ	1	
	18	钢管总成Ⅲ	1	
	19	压板	1	
	20	上管夹	1	
	21	下管夹	1	
	22	螺钉 M10×90	9	16 快速旋具
	23	平垫圈 φ10	9	
回油管路安装	24	弯板Ⅰ	1	16 快速旋具
（油箱—主阀—	25	螺钉 M10×0	4	
散热器—油箱）	26	平垫圈 φ10	4	
	27	U 形管夹	2	
	28	垫圈 φ10	4	
	29	螺母 M10	4	16 快速旋具
	30	弯板Ⅱ	1	
	31	安装座	2	
	32	螺钉 M12×30	6	18 快速旋具
	33	平垫圈 φ12	6	
	34	管夹	2	
	35	螺钉 M12×75	2	18 快速旋具

11）做好防护措施，穿好工作服，戴好工作帽。

12）准备吊装设备、装配工具和工装。

5.4.2　液压挖掘机操纵装置装配工艺步骤（表5-34）

表5-34　液压挖掘机操纵装置装配

序号	工艺步骤	图　　示	装配要点及检测要求
1	操纵底板部装1		1）液压元件在装配前、装配中必须保证其清洁度 2）液压元件必须封口存放 3）接头紧固必须符合紧固力矩要求

120

（续）

序号	工艺步骤	图　示	装配要点及检测要求
2	操纵底板部装2		1）液压元件在装配前、装配中必须保证其清洁度 2）液压元件必须封口存放 3）接头紧固必须符合紧固力矩要求
3	空调部装	底板下部	连接空调管路,确认蒸发器—压缩机—冷凝器—储液器的连接顺序

工程机械装配与调试工（挖掘机）

（续）

序号	工艺步骤	图　　示	装配要点及检测要求
4	先导阀安装		1）装配前所有液压元件应认真清洗，装配过程中应严格保证系统的清洁度 2）液压管路要求布置合理、整齐
5	驾驶室安装1		所有插接件、连接件必须插接牢固、连接可靠，不得松脱

（续）

序号	工艺步骤	图　示	装配要点及检测要求
6	驾驶室安装 2		左右操纵手柄、推土铲手柄安装后需用塑料袋、橡皮筋防护
7	先导阀胶管安装		连接先导液压软管,保证连接位置正确及连接可靠

（续）

序号	工艺步骤	图　示	装配要点及检测要求
8	上车胶管部装1		1）液压元件在装配前、装配中必须保证其清洁度 2）液压元件必须封口存放 3）接头紧固必须符合紧固力矩要求
9	上车胶管部装2		1）液压元件在装配前、装配中必须保证其清洁度 2）液压元件必须封口存放 3）接头紧固必须符合紧固力矩要求

（续）

序号	工艺步骤	图　　示	装配要点及检测要求
10	回油管路安装	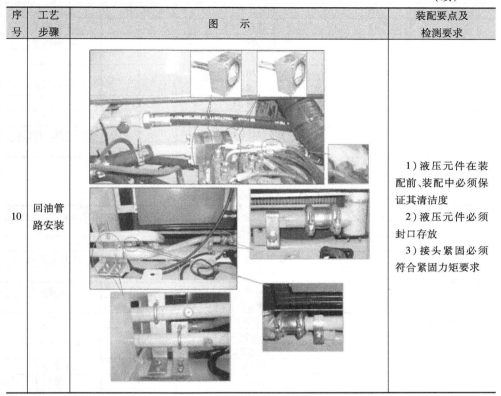	1）液压元件在装配前、装配中必须保证其清洁度 2）液压元件必须封口存放 3）接头紧固必须符合紧固力矩要求

✧✧✧ 5.5　液压挖掘机附属装置装配

5.5.1　准备工作

1）柴油箱部装（表 5-35）。

表 5-35　柴油箱部装任务准备

装配内容	序号	名　　称	数量	工　具
加油口	1	油箱体	1	
	2	橡胶垫	1	
	3	法兰	1	
	4	液压空气过滤器	1	
	5	螺钉 M8×25	6	13 呆扳手
	6	平垫圈 φ8	6	
	7	螺钉 M4×12	6	十字旋具
吸/放油口	8	接头	2	27 呆扳手
	9	球阀 DN10（3/8）	2	27 呆扳手
	10	组合垫圈 φ16	2	

（续）

装配内容	序号	名　　称	数量	工　具
吸/放油口	11	接头	1	24 呆扳手
	12	空心螺钉	1	22 呆扳手
	13	组合垫圈 $\phi14$	2	
	14	柴油箱 1－10L－185mm	1	
回油口	15	空心螺钉	1	22 呆扳手
	16	组合垫圈 $\phi14$	2	
油位计	17	燃油传感器	1	
	18	螺钉 M5×12	5	十字槽螺钉旋具
	19	橡胶垫	1	

2）液压油箱部装（表 5-36）。

表 5-36　液压油箱部装任务准备

装配内容	序号	名　　称	数量	工　具
加油口	1	油箱体	1	
	2	空气过滤器	1	
	3	螺钉 M12×25	6	18 快速旋具
	4	垫圈 $\phi12$	6	
回油过滤器	5	螺钉 M10×25	6	16 快速旋具
	6	垫圈 $\phi10$	6	
	7	O 形密封圈	1	
	8	法兰盖	1	
	9	回油过滤器	1	
回油口	10	发信器	1	24 呆扳手
	11	堵头	1	41 呆扳手
油口 I	12	发信器	1	22 呆扳手
	13	垫圈 $\phi14$	1	
	14	螺塞 M14×1.5	1	17 呆扳手
	15	垫圈 $\phi27$	1	
	16	螺塞 M27×2	1	27 呆扳手
	17	液压油温开关	1	
	18	组合垫圈 $\phi14$	1	
	19	吸油过滤器	1	
	20	液位液温计	1	17 呆扳手
油口 II	21	接头 I	5	19 呆扳手
	22	接头 II	1	19 呆扳手
	23	接头 III	1	
	24	接头 IV	1	
	25	接头 V	1	32 呆扳手
	26	接头 VI	1	
	27	接头 VII	1	24 呆扳手
	28	垫圈 $\phi22$	1	
	29	螺塞 M22×1.5	1	22/24 呆扳手

3）油箱总装（表 5-37）。

表 5-37　油箱总装任务准备

装配内容	序号	名　称	数量	工　具
液压油管安装	1	螺钉 M18×40	4	24 套筒扳手
	2	平垫圈 φ18	4	扳手加长杆
	3	弹簧垫圈 φ18	4	风动扳手
	4	螺母 M18	4	27 呆扳手
柴油箱安装	5	螺钉 M16×40	4	24 呆扳手
	6	平垫圈 φ16	4	
	7	弹簧垫圈 φ16	4	
吸油管安装 （油箱—主泵）	8	焊接接管Ⅰ	1	
	9	法兰盘	2	
	10	O 形密封圈 69×3.55	1	
	11	螺钉 M16×50	4	10 内六角螺钉扳手
	12	平垫圈 φ12	4	
	13	吸油胶管 φ76×φ88-290	2	
	14	焊接接管Ⅱ	1	
	15	T 型抱箍	8	10 呆扳手

4）封板安装 1（表 5-38）。

表 5-38　封板安装 1 任务准备

装配内容	序号	名　称	数量	工　具
左中封板总成	1	封板	1	
	2	隔热海绵Ⅰ	1	
	3	隔热海绵Ⅱ	1	
	4	螺钉 M10×25	4	16 快速旋具
	5	螺钉 M10×30	3	16 快速旋具
	6	平垫圈 φ10	7	
	7	弹簧垫圈 φ10	7	
	8	螺钉 M16×35	1	24 呆扳手
	9	平垫圈 φ16	1	
	10	弹簧垫圈 φ16	1	
中封板总成	11	封板	1	
	12	隔热海绵Ⅰ	1	
	13	隔热海绵Ⅱ	1	
	14	隔热海绵Ⅲ	1	
	15	隔热海绵Ⅳ	1	
	16	隔热海绵Ⅴ	1	
	17	螺钉 M10×25	3	16 快速旋具
	18	螺钉 M10×30	2	16 快速旋具
	19	平垫圈 φ10	5	
	20	弹簧垫圈 φ10	5	
	21	螺塞 M10	2	
锁挡板	22	锁挡板	2	
	23	螺钉 M10×25	4	16 快速旋具

（续）

装配内容	序号	名 称	数量	工 具
锁挡板	24	平垫圈 φ10	4	
	25	弹簧垫圈 φ10	4	
门限位	26	门限位块	3	
	27	螺钉 M8×35	3	13 呆扳手
	28	平垫圈 φ8	3	
	29	弹簧垫圈 φ8	3	

5）封板安装 2（表 5-39）。

表 5-39　封板安装 2 任务准备

装配内容	序号	名 称	数量	工 具
右前封板安装	1	封板	1	
	2	螺钉 M10×25	1	16 呆扳手
	3	螺钉 M10×35	1	
	4	平垫圈 φ10	2	
	5	弹簧垫圈 φ10	2	
	6	螺母 M10	1	
左前封板安装	7	左前封板	1	
	8	螺钉 M10×25	1	16 呆扳手
	9	平垫圈 φ10	1	
	10	弹簧垫圈 φ10	1	
前下封板安装	11	前下封板	1	
	12	螺钉 M10×25	6	
	13	平垫圈 φ10	6	
	14	弹簧垫圈 φ10	6	
前侧封板安装	15	前侧封板	1	
	16	螺钉 M10×25	6	16 呆扳手
	17	平垫圈 φ10	6	
	18	弹簧垫圈 φ10	6	
后侧封板Ⅰ安装	19	后侧封板Ⅰ	1	
	20	螺钉 M10×25	4	16 呆扳手
	21	平垫圈 φ10	4	
	22	弹簧垫圈 φ10	4	
后侧封板Ⅱ安装	23	后侧封板Ⅱ	1	
	24	螺钉 M10×25	7	16 呆扳手
	25	平垫圈 φ10	7	
	26	弹簧垫圈 φ10	7	
右后封板安装	27	右后封板	1	
	28	螺钉 M10×25	1	16 呆扳手
	29	螺钉 M10×30	3	16 呆扳手
	30	平垫圈 φ10	4	
	31	弹簧垫圈 φ10	4	
左后封板安装	32	左后封板	1	
	33	螺钉 M10×25	2	16 呆扳手

（续）

装配内容	序号	名　称	数量	工　具
左后封板安装	34	平垫圈 φ10	4	
	35	弹簧垫圈 φ10	4	
	36	螺钉 M10×30	2	

6）侧门安装（表5-40）。

表5-40　侧门安装任务准备

装配内容	序号	名　称	数量	工　具
左前侧门安装	1	前侧门板	1	
	2	减振条 I	1	
	3	减振条 II	1	
	4	吸声海绵	1	
	5	门锁	1	
	6	螺母 M6	4	10 呆扳手
	7	螺母 M10	4	16 呆扳手
	8	平垫圈 φ10	4	
	9	弹簧垫圈 φ10	4	
	10	风钩装置	1	
左侧门安装	11	左侧门	1	
	12	海绵	1	
	13	减振条	1	
	14	螺母 M10	4	16 呆扳手
	15	平垫圈 φ10	4	
	16	弹簧垫圈 φ10	4	
	17	风钩装置	1	
右围板安装	18	右围板	1	
	19	螺钉 M8×25	4	13 呆扳手
	20	平垫圈 φ8	4	
	21	弹簧垫圈 φ8	4	
右侧门安装	22	右侧门	1	
	23	后侧封板	1	
	24	螺母 M6	4	10 呆扳手
	25	吸声海绵	1	
	26	减振条	1	
	27	螺母 M10	4	16 呆扳手
	28	平垫圈 φ10	4	
	29	弹簧垫圈 φ10	4	
	30	风钩装置	1	
风钩装置	31	风钩	3	
	32	扳手销 2×16	3	
	33	平垫圈 φ8	3	

7）盖板安装（表5-41）。

表 5-41　盖板安装任务准备

装配内容	序号	名　　称	数量	工　具
左前盖板安装	1	左前盖板	1	
	2	螺钉 M10×25	12	16 呆扳手
	3	平垫圈 φ10	12	
	4	弹簧垫圈 φ10	6	
	5	大垫圈 φ10	6	
	6	防滑板	1	
前盖板安装	7	板	1	
	8	海绵	2	
	9	减振条	1	
	10	螺钉 M10×25	4	16 呆扳手
	11	平垫圈 φ10	4	
	12	弹簧垫圈 φ10	4	
中盖板安装	13	中盖板	1	
	14	海绵Ⅰ	1	
	15	海绵Ⅱ	1	
	16	减振条	1	
	17	防滑板	1	
	18	螺钉 M10×25	13	16 呆扳手
	19	平垫圈 φ10	13	
	20	弹簧垫圈 φ10	6	
	21	大垫圈 φ10	7	
右后盖板安装	22	右后盖板	1	
	23	螺钉 M10×25	4	16 呆扳手
	24	平垫圈 φ10	4	
	25	弹簧垫圈 φ10	4	
左后盖板安装	26	左后盖板	1	
	27	螺钉 M10×25	4	16 呆扳手
	28	平垫圈 φ10	4	
	29	弹簧垫圈 φ10	4	

8）机罩安装（表 5-42）。

表 5-42　机罩安装任务准备

装配内容	序号	名　　称	数量	工　具
发动机罩总成	1	发动机罩	1	
	2	隔热海绵	1	
	3	螺钉 M10×25	2	16 呆扳手
	4	平垫圈 φ10	6	
	5	弹簧垫圈 φ10	4	
	6	密封条 L=7000	1	
	7	限位块	2	
	8	螺母 M10	2	16 呆扳手
	9	平垫圈 φ10	2	
	10	弹簧垫圈 φ10	2	

（续）

装配内容	序号	名　称	数量	工　具
发动机罩总成	11	支承杆Ⅰ	1	
	12	呆扳手销	4	
	13	平垫圈 φ14	4	
	14	支承杆Ⅱ	1	
	15	螺钉 M10×30	4	16 呆扳手
	16	平垫圈 φ10	4	
	17	锁	2	
	18	螺钉 M8×25	4	13 呆扳手
	19	螺钉 M8×35	4	13 呆扳手
	20	螺母 M8	8	13 呆扳手
	21	平垫圈 φ8	8	
	22	弹簧垫圈 φ8	8	

9）配重安装（表 5-43）。

表 5-43　配重安装任务准备

装配内容	序号	名　称	数量	工　具
配重安装	1	配重体	1	
	2	堵头	2	
	3	螺钉 M36×280	4	55 套筒扳手
	4	平垫圈 φ36	4	
	5	吸声海绵Ⅰ	1	
	6	吸声海绵Ⅱ	1	
	7	调整垫片Ⅰ	1	
	8	调整垫片Ⅱ	2	
	9	调整垫片Ⅲ	3	
	10	防滑纸Ⅰ	1	
	11	防滑纸Ⅱ	1	
	12	防滑纸Ⅲ	1	

10）蓄电池安装（表 5-44）。

表 5-44　蓄电池安装任务准备

装配内容	序号	名　称	数量	工　具
蓄电池安装	1	蓄电池	2	
	2	托架	1	
	3	盖	1	
	4	橡胶垫Ⅰ	1	
	5	橡胶垫Ⅱ	1	
	6	拉杆	2	
	7	螺母 M10	2	
	8	平垫圈 φ10	3	
	9	弹簧垫圈 φ10	3	

11）做好防护措施，穿好工作服，戴好工作帽。

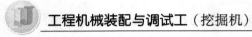

12）准备吊装设备、装配工具和工装。

5.5.2 液压挖掘机附属装置装配工艺步骤（表5-45）

表5-45　液压挖掘机附属装置装配

序号	工艺步骤	图　　示	装配要点及检测要求
1	柴油箱部装		1）柴油箱安装前应进行清洗，清洗后无残渣及锈蚀 2）柴油箱最大容积为360L 3）液压元件应封口放置
2	液压油箱部装		1）油箱安装前应进行清洗，清洗后无残渣及锈蚀 2）油箱最大容积为220L 3）液压元件应封口放置

（续）

序号	工艺步骤	图　示	装配要点及检测要求
3	油箱总装		1）油箱内部用湿面团清理干净。油箱盖需涂平面密封胶，紧固螺钉时须涂螺纹紧固胶 2）组装后油箱各待连接的油口防护完好 3）安装液压油箱、柴油箱，螺钉装配时应按要求涂螺纹紧固胶 4）紧固件按拧紧力矩紧固
4	封板安装 1		1）封板平整，各部接合处缝隙应均匀，不得有明显锤痕，油漆表面不得有脱落现象 2）所有零部件外观良好，无明显缺陷

（续）

序号	工艺步骤	图 示	装配要点及检测要求
5	封板安装2	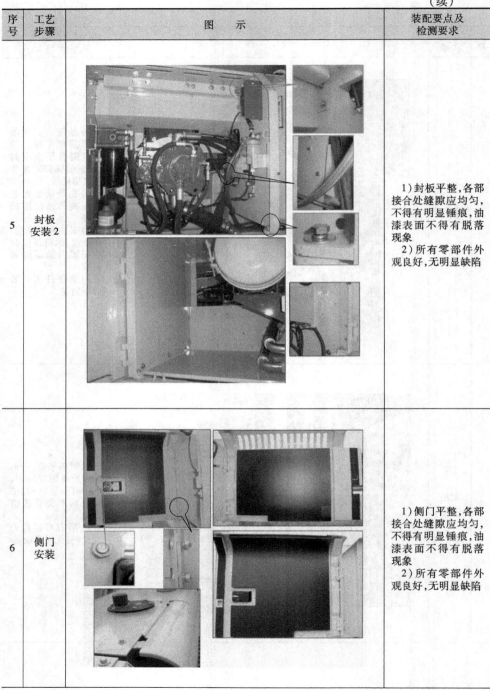	1）封板平整,各部接合处缝隙应均匀,不得有明显锤痕,油漆表面不得有脱落现象 2）所有零部件外观良好,无明显缺陷
6	侧门安装		1）侧门平整,各部接合处缝隙应均匀,不得有明显锤痕,油漆表面不得有脱落现象 2）所有零部件外观良好,无明显缺陷

（续）

序号	工艺步骤	图 示	装配要点及检测要求
7	盖板安装		1）盖板平整,各部接合处缝隙应均匀,不得有明显锤痕,油漆表面不得有脱落现象 2）所有零部件外观良好,无明显缺陷
8	机罩安装		1）机罩平整,各部接合处缝隙应均匀,不得有明显锤痕,油漆表面不得有脱落现象 2）所有零部件外观良好,无明显缺陷

（续）

序号	工艺步骤	图 示	装配要点及检测要求
9	配重安装		1）配重螺钉 M36×280 的紧固力矩为 2260～3010N·m 2）吊环螺钉安装孔平时安装堵头
10	蓄电池安装		所有橡胶护套安装后不可摆动

◈◈◈ 5.6 液压挖掘机工作装置装配

5.6.1 准备工作

1）工作装置部装（表5-46）。

表 5-46 工作装置部装任务准备

装配内容	序号	名 称	数量	工 具
铲斗总成	1	铲斗焊接杆	1	
	2	齿套	5	
	3	PC200 用销	5	
	4	左侧韧	1	

（续）

装配内容	序号	名　　称	数量	工　具
铲斗总成	5	右侧韧	1	
	6	螺钉 M24×90	10	
	7	平垫圈 φ24	10	
	8	螺母 M24	10	
单连杆	9	单连杆	1	
	10	自润滑轴承 I	2	
	11	自润滑轴承 II	2	
	12	防尘圈	6	
斗杆	13	斗杆	1	
	14	自润滑轴承	2	
	15	防尘圈 I	2	
	16	轴承 I	2	
	17	防尘圈 II	2	
	18	轴承 II	2	
	19	防尘圈 III	2	
动臂	20	动臂	1	
	21	自润滑轴承	2	
	22	钢管	1	
	23	防尘圈	4	

2）工作装置连接 1（表 5-47）。

表 5-47　工作装置连接 1 任务准备

装配内容	序号	名　　称	数量	工　具
动臂液压缸与回转平台连接	1	左动臂液压缸	1	
	2	右动臂液压缸	1	
	3	挡板	2	
	4	调整垫片	14	
	5	销轴	2	
	6	螺钉 M12×25	4	18 快速旋具
	7	平垫圈 φ12	4	
挖斗液压缸与斗杆连接	8	挖斗液压缸	1	
	9	销轴	1	
	10	隔板	5	
	11	螺钉 M16×140	1	24-27 呆扳手
	12	螺母 M16	2	24-27 呆扳手
斗杆液压缸与动臂连接	13	斗杆液压缸	1	
	14	销轴	1	
	15	调整垫片	6	
	16	螺钉 M20×160	1	30-32 呆扳手
	17	螺母 M20	2	30-32 呆扳手
连杆与斗杆连接	18	单连杆总成	1	
	19	连杆板	1	
	20	连杆	1	
	21	隔板	4	

（续）

装配内容	序号	名　　称	数量	工　具
连杆与斗杆连接	22	销轴	1	
	23	螺钉 M20×160	1	30－32 呆扳手
	24	螺母 M20	2	30－32 呆扳手
	25	调整垫片	9	
挖斗液压缸与连杆连接	26	销轴	1	
	27	调整垫片	2	
	28	螺钉 M16×140	1	24－27 呆扳手
	29	螺母 M16	2	24－27 呆扳手

3）工作装置连接 2（表 5-48）。

表 5-48　工作装置连接 2 任务准备

装配内容	序号	名　　称	数量	工　具
动臂与机身连接	1	动臂总成	1	
	2	销轴	1	铜棒
	3	调整垫片Ⅰ	4	
	4	调整垫片Ⅱ	2	
	5	滑动套	1	
	6	护板	1	
	7	螺钉 M16×35	1	24 快速旋具
	8	平垫圈 φ16	1	
动臂液压缸与动臂连接	9	隔套	2	
	10	隔板	6	
	11	销轴	1	
	12	螺钉 M20×160	2	30－32 呆扳手
	13	螺母 M20	4	
	14	调整垫片	2	
斗杆与动臂连接	15	斗杆总成	1	
	16	调整垫片	4	
	17	销轴	1	
	18	滑动套	1	
	19	隔板	1	
	20	螺钉 M16×35	1	24 快速旋具
	21	平垫圈 φ16	1	
斗杆液压缸与斗杆连接	22	斗杆液压缸	1	
	23	销轴	1	
	24	调整垫片	6	
	25	螺钉 M20×160	2	30－32 呆扳手
	26	螺母 M20	2	30－32 呆扳手

4）工作装置连接 3（表 5-49）。

表 5-49　工作装置连接 3 任务准备

装配内容	序号	名　　称	数量	工　具
挖斗连接	1	挖斗总成	1	
	2	夹板	1	
	3	垫板	12	
	4	销轴 I	1	
	5	螺钉 M12×75	3	18 快速旋具
	6	平垫圈 φ12	3	
	7	摩擦板	1	
	8	橡胶圈	4	
	9	销轴 II	1	
	10	隔板	4	
	11	弹性圈	2	一字槽螺钉旋具
	12	销轴 III	2	铜棒

5）液压系统安装（表 5-50）。

表 5-50　液压系统安装任务准备

装配内容	序号	名　　称	数量	工　具
液压系统	1	软管总成 I	1	41 扭力扳手
	2	软管总成 II	1	50 扭力扳手
	3	软管总成 III	2	41 扭力扳手
	4	管夹	4	
	5	螺钉 M12×55	4	18 呆扳手
	6	平垫圈 φ12	4	
	7	压板	6	
	8	上管夹 I	3	
	9	下管夹 I	3	
	10	螺钉 M12×75	6	18 呆扳手
	11	上管夹 II	3	
	12	下管夹 II	3	
	13	钢管总成 I	1	
	14	钢管总成 II	1	
	15	钢管总成 III	1	
	16	钢管总成 IV	1	
	17	钢管总成 V	1	
	18	钢管总成 VI	1	

6）润滑系统安装（表 5-51）。

表 5-51　润滑系统安装任务准备

装配内容	序号	名　　称	数量	工　具
润滑系统	1	油杯 M10×1	15	11 呆扳手
	2	JAC 接头 I	3	12 呆扳手
	3	JAC 接头 II	3	16 呆扳手
	4	JAC 卡套式接头	2	14 呆扳手

（续）

装配内容	序号	名　　称	数量	工　具
润滑系统	5	JDC卡套式接头	2	13呆扳手
	6	管夹Ⅰ	4	
	7	管夹Ⅱ	1	
	8	弯管Ⅰ	1	
	9	弯管Ⅱ	1	
	10	高压树脂软管总成Ⅰ	1	13呆扳手
	11	高压树脂软管总成Ⅱ	1	
	12	高压树脂软管总成Ⅲ	1	
	13	螺钉M8×16	5	
	14	平垫圈φ8	5	
	15	弹簧垫圈φ8	5	

7）工具箱安装（表5-52）。

表5-52　工具箱安装任务准备

装配内容	序号	名　　称	数量	工　具
工具箱安装	1	工具箱	1	
	2	螺钉M8×35	4	铜棒
	3	平垫圈φ8	4	
	4	弹簧垫圈φ8	4	
	5	螺钉M10×35	1	
	6	平垫圈φ10	1	
	7	弹簧垫圈φ10	1	
	8	护套	1	
装饰板安装	9	螺钉M10×25	6	30-32呆扳手
	10	平垫圈φ10	6	
	11	弹簧垫圈φ10	6	
	12	大垫圈φ10	2	
	13	内六角螺钉M10×35	4	
	14	平垫圈φ16	4	
	15	弹簧垫圈φ16	1	
扶手安装	16	扶手	4	
	17	螺钉M16×40	1	
	18	平垫圈φ16	1	
	19	弹簧垫圈φ16	1	
	20	支架	1	24快速旋具
	21	连接块	1	
	22	螺钉M10×70	6	30-32呆扳手
	23	平垫圈φ10	6	
	24	弹簧垫圈φ10	6	
	25	螺母M10	6	30-32呆扳手
	26	外后视镜	2	

8）做好防护措施，穿好工作服，戴好工作帽。

9）准备吊装设备、装配工具和工装。

5.6.2　液压挖掘机工作装置装配工艺步骤（表 5-53）

表 5-53　液压挖掘机工作装置装配

序号	工艺步骤	图　示	装配要点及检测要求
1	工作装置部装		1）防尘圈唇形向外安装 2）自润滑轴承安装时不允许敲击，应用压力机装入
2	工作装置连接 1		1）各配合孔及销轴洁净无污物，润滑油道畅通，液压管路密封防护 2）硬管布置合理，管卡固定可靠 3）自润滑轴承在安装时不许直接敲击。防尘圈唇形向外安装 4）各销轴固定螺钉连接可靠，所有紧固件应涂螺纹密封胶后装配 5）紧固螺钉拧紧力矩满足要求 6）工作装置集中润滑连接可靠，各润滑油嘴无松动，正常加注润滑油 7）各胶管应排放整齐，不应有扭曲现象，且应捆扎牢靠 8）各隔板根据需要选装

（续）

序号	工艺步骤	图　示	装配要点及检测要求
3	工作装置连接2	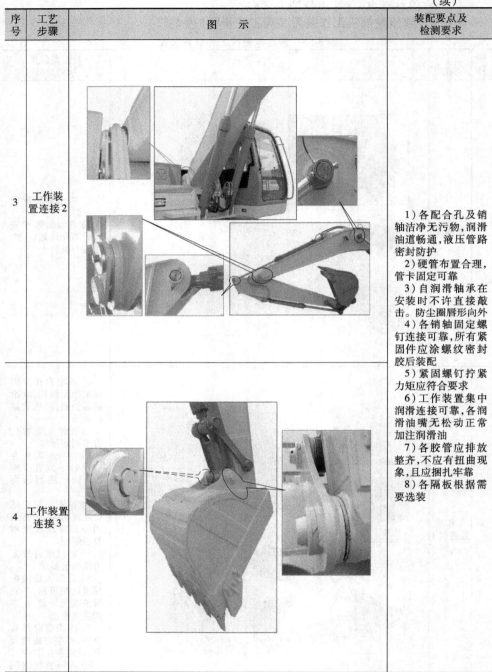	1）各配合孔及销轴洁净无污物,润滑油道畅通,液压管路密封防护 2）硬管布置合理,管卡固定可靠 3）自润滑轴承在安装时不许直接敲击。防尘圈唇形向外 4）各销轴固定螺钉连接可靠,所有紧固件应涂螺纹密封胶后装配 5）紧固螺钉拧紧力矩应符合要求 6）工作装置集中润滑连接可靠,各润滑油嘴无松动正常加注润滑油 7）各胶管应排放整齐,不应有扭曲现象,且应捆扎牢靠 8）各隔板根据需要选装
4	工作装置连接3		

（续）

序号	工艺步骤	图　示	装配要点及检测要求
5	液压系统安装	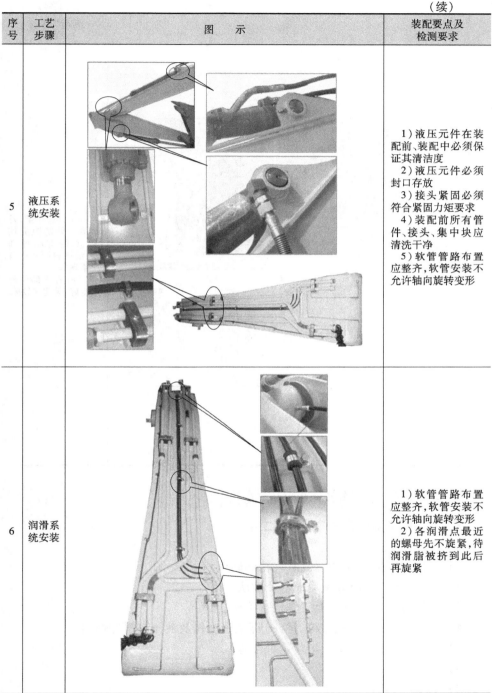	1）液压元件在装配前、装配中必须保证其清洁度 2）液压元件必须封口存放 3）接头紧固必须符合紧固力矩要求 4）装配前所有管件、接头、集中块应清洗干净 5）软管管路布置应整齐，软管安装不允许轴向旋转变形
6	润滑系统安装		1）软管管路布置应整齐，软管安装不允许轴向旋转变形 2）各润滑点最近的螺母先不旋紧，待润滑脂被挤到此后再旋紧

（续）

序号	工艺步骤	图　示	装配要点及检测要求
7	工具箱安装	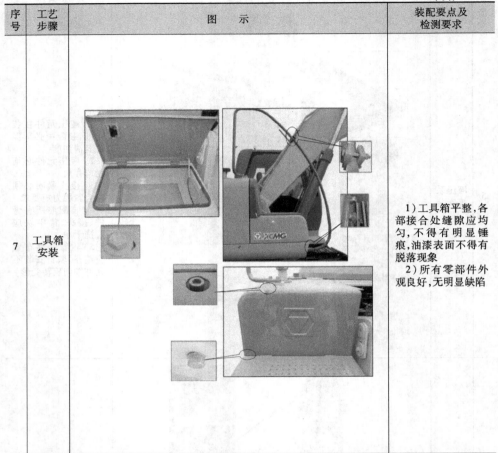	1）工具箱平整,各部接合处缝隙应均匀,不得有明显锤痕,油漆表面不得有脱落现象 2）所有零部件外观良好,无明显缺陷

◇◇◇◇ 5.7　液压挖掘机调试

5.7.1　整机操作调试前的相关工作

1. 调试接车检查确认

1）发动机机油、液压油、柴油、齿轮油确认。

2）散热器水箱及储液罐冷却水位确认。

3）发动机起动后,仪表板工作状态确认。

4）确认液压缸（动臂、斗杆、铲斗）杆是否损伤及液压缸缓冲作用。

5）确认发动机空调皮带张紧是否合适。

6）铭牌确认。

7）整机钥匙数量的确认。

2. 驾驶室确认

1）喇叭工作状态确认。

2）刮水器马达,冷起动工作状态确认。

3）空调机工作状态及制冷液加注情况确认。

4）暖风机工作状态确认。

5）安全手柄及灯的工作状态确认。

6）室内灯工作状态(间歇、开关)确认。

7）驾驶室门锁的锁定作用(锁定)确认。

8）确认门打开后与外锁能否锁定。

9）驾驶室的外观检查(划伤,变形锈迹,脱落)。

10）驾驶室的前窗操作性,开闭的锁定功能确认。

11）插销的开闭确认。

12）前窗的打开、归位确认。

13）洗窗器的动作、喷射角度、整机操作调试工作确认。

5.7.2 整机操作调试

1. 工作装置调试

（1）模拟挖掘 起动柴油机,观察柴油机的运行及各仪表指示值是否正常。待发动机转速调至额定转数时检查以下各动作。

（2）铲斗动作 调整动臂液压缸至适当位置,铲斗斗齿离地1m,操作手柄,反复进行铲斗挖掘和卸载。连续动作20次,检查有无异常现象。

（3）斗杆动作 斗杆与地面垂直时,使铲斗最底部离地1m,操作手柄反复动作,使铲斗挖掘和卸载连续动作20次,检查有无异常现象。

（4）动臂动作 把铲斗满载,斗杆向下处于合适的位置,使动臂反复上下动作20次,检查有无异常现象。

（5）回转动作 动臂举起,反复进行360°回转,左回转动作10次,右回转动作10次。左右急操作操纵杆(90°范围),反复进行20次,检查有无异常。

2. 空运转试验

1）铲斗斗齿支承在地面上,分别支起挖掘机两边的行走机构,检测履带下垂量,要求履带架最下沿距离履带板 $155^{+0.3}_{+0.2}$ mm。

2）铲斗斗齿支承在地面上,分别支起挖掘机两边,观察行走减速机装置和制动装置以及"四轮一带"的运行是否正常,左右各运行10min。

3）行走调至慢档,操作行走操纵杆,反复前进或倒行,动作5min。

4）行走调至快档,操作行走操纵杆,反复前进或倒行,动作5min。

5）反复操作推土铲手柄,使推土铲升、降连续动作20次。

6）行走操纵机构工作可靠。

3. 动臂液压缸沉降量测试

在铲斗上挂上重物（360kg），动臂与铲斗液压缸全伸，斗杆液压缸全缩，发动机熄火，检查动臂液压缸活塞杆因系统内泄漏而引起的位移量（动臂液压缸每10min 的位移量不得大于 25mm）。

4. 复合动作调试

1）发动机转速调至额定转速。

2）操作行走操纵杆，反复使其前行或倒行，使铲斗反复动作，使其满载、倾倒，连续动作 10 次。

3）操作行走操纵杆，使其前行或倒行，使斗杆反复动作，使铲斗满载、倾倒，连续动作 10 次。

4）操作行走操纵杆，使其前行或倒行，使动臂反复动作，使动臂动作 20 次。

5）复合及行走动作结束后，把工作次数及出现的异常情况记录下来。

6）发动机转速调至额定转速，操纵手柄使工作装置动作：挖掘—装车（卸载）—回转—返回至少 20 个来回，把工作次数及出现的异常情况记录下来。

5. 履带跑偏量测试

在平整路面上行驶 50m，直线行驶的跑偏量不得大于 3.5m。行走动作结束后，将异常现象记录下来。

5.7.3 整机操作调试后的相关工作

1. 测量系统压力

工作装置在极限状态下，测量主泵工作油口处的压力值，测三次取平均值，结果不小 21.5MPa。

2. 整机密封性检查

在完成连续工作后，发动机熄火，检查以下项目：

1）10min 内渗漏量不得超过 2 滴（油、水、气）。

2）动臂、斗杆及铲斗液压缸活塞杆上有无油膜。

3. 油温、水温检查

1）散热器水温≤105℃，记录水温。

2）液压油温度≤85℃，最大温升不得大于 50℃，记录油温。

4. 液压油清洁度检查

调试作业完成后，用滤油机对系统液压油进行循环过滤 30min 后，检查液压油清洁度等级（≤18/15），记录清洁度，否则需重新循环过滤至符合要求。

5. 整机外观检查

1）焊缝：焊缝均匀，无裂纹、焊瘤、弧坑及飞溅等缺陷。

2）配合间隙均匀：机罩、转台油箱、驾驶室、配重的间隙均匀。

3）机罩：表面平整、边缘平整、不得有明显的皱折。

4）液压管路：排列整齐、捆扎牢固、无扭曲现象。

5.7.4 液压挖掘机的调试检验（表5-54）

表5-54 液压挖掘机的调试检验

阶段	序号	任务项目	任务内容	检测方法	使用工具
调试前	1	缺件单	1）缺件单填写规范，无漏填 2）确认补件后是否需要性能复试	目测	
	2	扶手箱	1）A级面不能有任何划痕 2）B级面划痕不得超过两处，长度不得超过10mm，手指划过无卡滞感，表面清洁	目测	钢板尺
	3	内饰板	1）A级面不能有任何划痕 2）B级面划痕不得超过两处，长度不得超过5mm，手指划过无卡滞感，表面清洁	目测	钢板尺
	4	钥匙	1）起动钥匙2把，驾驶室钥匙、柴油箱过滤器钥匙、侧门钥匙各2把 2）索菲玛燃油过滤器油箱增加2把钥匙	目测	
	5	驾驶室玻璃	1）目视范围内不允许有任何损伤 2）其他范围，直径30cm以内，允许存在一处5～7mm长的划痕（任何划痕不能有卡滞感）	目测	钢板尺、卷尺
	6	保险盒	1）保险盒盖固定卡无损伤 2）排列与标识吻合 3）插件无松动	目测	
	7	清洗液	1）喷水壶表面无损伤 2）加注到喷水壶的1/2～2/3处（每年4月1日到10月20日加水，其余时间加玻璃清洗剂）	目测	
	8	防冻液	1）防冻液加注到散热器总成口径处 2）副水箱加注水到中位处	目测	
	9	冷凝器	冷凝器表面无损伤，叶片之间无堵塞	目测	
	10	齿轮油	回转马达齿轮油加注到油位尺上、下线之间	目测	油位尺
	11	机油	发动机机油加注到油位尺3/4处	目测	油位尺
	12	润滑油	工作装置各活动部位加注润滑脂以挤出为止	目测	
	13	清洁度	整机接头、管路无油迹、污物	目测	
调试中	14	起动开关	1）插进、拔出无卡滞，旋动灵活 2）断开、通电、点火位置准确可靠 3）点火后自动归位，限位正常	目测、手感	
	15	连续起动	发动机连续起动三次（每次起动不超过10s，间隔不低于2min）能够顺利起动	操作	
	16	安全锁	安全锁杆放下时，全传动装置（工作装置，旋转）被锁定，无动作	操作	
	17	快慢档	1）档位切换正常 2）无延时、行走吃力、抖动等现象	操作	
	18	先导手柄	1）表面清洁，无损伤、松动 2）操作无卡滞，能自动复位 3）左先导手柄按钮控制喇叭，右先导手柄按钮控制瞬时增压	目测、操作	

（续）

阶段	序号	任务项目	任务内容	检测方法	使用工具
调试中	19	各动作	各先导手柄、操纵杆与预定动作一致	操作	
	20	复合动作	两个或两个以上动作协调平稳、操纵灵活、无异常现象	操作	
	21	液压缸排气	怠速将每个液压缸缓慢伸缩各四次，活塞杆伸缩至行程最大极限 200mm 左右处停止，不溢流；然后缓慢将活塞杆伸缩至行程最大极限，使其溢流反复操作六次	操作	
	22	液压缸	每个动作无延时、滞后、冲击、缓冲（铲斗卸载无缓冲）	操作	
	23	显示器	1）机油压力、燃油计、散热器水温（≤105℃）、蓄电池电压显示正常 2）无异常报警、白屏、闪屏、重启等现象	目测	
	24	排烟	发动机工作时排放正常（正常为淡青色，不正常：黑烟、白烟、蓝烟）	目测	
	25	室内灯、工作灯	1）室内灯、工作灯无闪烁、熄灭等异常现象 2）室内灯不受起动钥匙限制	目测、操作	
	26	窗	1）驾驶室前窗开关推移顺畅 2）锁紧可靠	操作	
	27	座椅	1）座椅滑轨推拉顺畅 2）锁定后不会出现移位现象	操作	
测试性能	28	H 模式转速	标准：(2350±20)r/min　　实测：　r/min	目测	
	29	S 模式转速	标准：(2100±20)r/min　　实测：　r/min	目测	
	30	L 模式转速	标准：(1800±20)r/min　　实测：　r/min	目测	
	31	动臂提升时间	标准：(3.5±0.4)s　　实测：　s	测量	秒表
	32	动臂下降时间	标准：(2.9±0.4)s　　实测：　s	测量	秒表
	33	斗杆打开时间	标准：(2.7±0.4)s　　实测：　s	测量	秒表
	34	斗杆闭合时间	标准：(3.0±0.4)s　　实测：　s	测量	秒表
	35	铲斗打开时间	标准：(2.5±0.4)s　　实测：　s	测量	秒表
	36	铲斗闭合时间	标准：(2.7±0.4)s　　实测：　s	测量	秒表
	37	高速行走时间	标准：(13.58±1)s/20m（KYB）　实测：　s/20m	测量	秒表
	38		标准：(12±1)s/20m（东明）　实测：　s/20m	测量	秒表
	39	低速行走时间	标准：(20±2)s/20m（KYB）　实测：　s/20m	测量	秒表
	40		标准：(22.1±2)s/20m（东明）　实测：　s/20m	测量	秒表
	41	行走跑偏	标准：$3.0^{+0.2}_{0}$ m/50m　实测：　m/50m	测量	秒表

（续）

阶段	序号	任务项目	任务内容	检测方法	使用工具
测试性能	42	左回转转速	标准：(12.1 ± 1.5)r/min　　实测：　　r/min	测量	秒表
	43	右回转转速	标准：(12.1 ± 1.5)r/min　　实测：　　r/min	测量	秒表
	44	工作压力	标准：$31.4^{+0.5}_{0}$MPa　　实测：　　MPa	测量	压力表
	45	二次压力	标准：$34.3^{+0.5}_{0}$MPa　　实测：　　MPa	测量	压力表
	46	先导压力	标准：$3.9^{+0.5}_{0}$MPa　　实测：　　MPa	测量	压力表
调试后	47	行走操纵杆	1）表面清洁，无损伤、松动，无卡滞 2）手柄左右对齐，方向一致，不得错位	目测	
	48	喇叭	1）喇叭声音连续 2）无音色嘶哑、颤音等现象	耳听	
	49	收音机	1）收音机各按钮功能工作正常，表面无损伤 2）扬声器无破音 3）天线无松动	目测、耳听	
	50	刮水器	1）刮水器快、慢档转换正常 2）雨刮片无中途停止等现象 3）动作时与前窗边框、限位块无干涉 4）喷水在雨刮片动作范围内 5）雨刷固定螺母无松动	目测	
	51	空调	1）空调控制面板无损伤 2）各开关按钮工作正常 3）各空调风口出风均匀、有制热制冷效果	目测、手感	
	52	喷水壶	1）水管接头处无漏水，水管无扭曲 2）连接线束接插牢靠	目测、手感	
	53	油散	发动机水散无漏水、油散无漏油等现象	目测	测温仪
	54	干燥瓶	1）软管无干涉、破损、扭曲 2）各线束插件连接牢靠 3）干燥瓶安装时，垂直方向的倾斜度不大于10°	目测、手感	
	55	行走马达	1）左、右行走马达无螺栓松动 2）无漏油等现象	目测、手感	
	56	支重轮、拖链轮	1）支重轮、拖链轮固定螺栓无松动 2）接合面无漏油等现象	目测、手感	
	57	回转支承	1）回转支承固定螺栓无松动 2）润滑油嘴无损伤	目测、手感	
	58	油水分离器	1）螺栓无松动 2）无渗漏油 3）无沉淀物 4）表面清洁、无损伤	目测、手感	
	59	油箱	燃油箱、液压油箱法兰接合面，球阀、接头无漏油现象	目测、手感	
	60	胶管	1）各胶管、接头无干涉 2）无漏油等不良现象	目测、手感	

（续）

阶段	序号	任务项目	任务内容	检测方法	使用工具
调试后	61	电磁阀	1）各接头无松动 2）各胶管无扭曲、破损 3）各线束插件连接牢靠	目测、手感	
	62	水管	1）发动机热水阀、水管无渗漏 2）喉箍无松动、漏紧等异常现象	目测	
	63	皮带	1）发动机风叶皮带和压缩机皮带无偏磨、松动等现象 2）压缩机皮带松紧度要适当，向皮带切边中点施加10kg的垂直载荷，皮带挠度为9mm	目测、手感	
	64	工作装置胶管	1）各胶管无扭曲、干涉 2）接头无松动、漏油等现象	目测、手感	
	65	液压缸	1）液压缸活塞杆表面无带油现象 2）表面无损伤（用指甲划过时无卡滞感）	目测、量具	0.5mm自动铅笔
	66	中心回转体	周围胶管接头无漏油及干涉等现象	目测、手感	
	67	锁	前机罩、后机罩、驾驶室、油箱开关无卡滞现象	目测、手感	
	68	履带	履带无过松现象，下垂量为20～30mm	目测	钢板尺
	69	封板、扶手箱	1）整机封板无漏装、错装 2）紧固螺栓无漏紧现象 3）扶手箱固定螺栓无漏装、漏紧	目测、手感	
	70	液压油	整车停靠在水平地面上，斗杆垂直于地面，铲斗斗齿垂直着地，液压油油位在油位尺刻度的中间到红线之间	目测	
	71	三联单	对上道工序三联单确认有无问题遗留	目测	

复习思考题

1. 支重轮、夹轨器装配要点和检测要求有哪些？
2. 简述齿侧间隙的检查方法。
3. 主阀管路部装装配要点及检测要求有哪些？
4. 回转支承装配要点及检测要求有哪些？
5. 发动机装配要点及检测要求有哪些？
6. 上车胶管装配要点及检测要求有哪些？
7. 液压油箱的组成部分有哪些？
8. 液压系统安装时装配要点和检测要求有哪些？
9. 润滑系统安装时装配要点和检测要求有哪些？
10. 整机操作调试前的相关工作有哪些？
11. 整机操作调试接车检查确认的项目有哪些？

第6章

液压挖掘机维护与故障诊断

培训学习目标

1）熟悉维护保养项目及内容。
2）掌握维护保养方法。
3）熟悉机械故障现象。
4）掌握故障分析与诊断方法。
5）掌握机械系统常见故障的诊断与排除方法。

◈◈◈ 6.1　液压挖掘机的维护保养

正确恰当地维护是确保挖掘机功能正常发挥的前提，应按定期检查、维修保养相关项目规定执行，保持机器清洁，以便及时发现任何泄漏、螺栓松动或连接松动等故障。保养和维修时，应做相应记录并存盘。

6.1.1　维护与保养周期

1. 润滑周期

1）润滑示意图如图6-1所示。

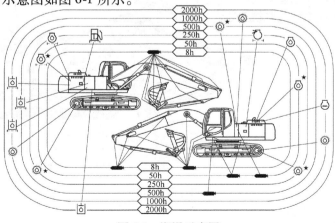

图6-1　润滑示意图

2）润滑周期见表6-1。

表6-1　润滑周期

项目	序号	保养点		数量	时间间隔/h							
					8	50	100	250	500	1000	1500	2000
润滑脂	1	工作装置	铲斗和连杆	9	√							
			其他	11	√							
	2	回转支承		3		√						
	3	回转减速器		1					√			
	4	回转装置油池		1					√			
发动机机油	1	发动机机油油位检查		1	√							
	2	发动机机油更换				★		√				
	3	发动机机油过滤或更换		1		★		√				
齿轮油	1	行走减速器	油位检查	2				√				
			更换	2				★		√		
	2	回转减速器	油位检查	1				√				
			更换	1						★	√	

注："★"表示只在第一次检查时需要润滑或保养；"√"表示需要润滑或保养。

2. 保养周期

1）保养示意图如图6-2所示。

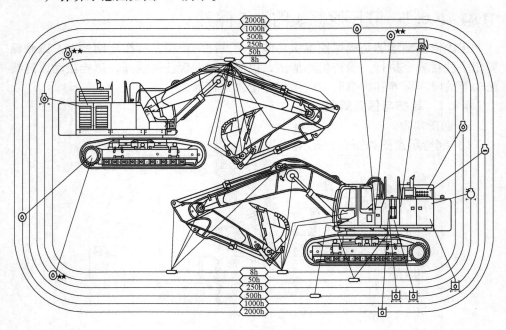

图6-2　保养示意图

2）保养周期见表6-2。

表 6-2　保养周期

项目	序号	保养点		数量	时间间隔/h							
					8	50	100	250	500	1000	1500	2000
液压系统	1	检查液压油位		1	√							
	2	排放油箱储油槽		1				√				
	3	更换液压油										√
	4	更换吸油过滤器		1						√		
	5	更换回油过滤器		1					√			
	6	更换先导油过滤器		1						√		
	7	检查软管和管路	漏油		√							
			裂纹、弯曲等					√				
燃油系统	1	排放燃油箱污物储槽		1	√							
	2	检查油水分离器		1	√							
	3	更换燃油过滤器(两级)		2				√				
	4	检查燃油软管	泄漏、裂纹		√							
			裂纹、弯曲等					√				
空气过滤系统	1	空气过滤器外滤芯	清理	1	或当指示灯亮			√				
			更换	1	清洗六次或一年之后							
	2	空气过滤器内滤芯	更换		更换外滤芯时							
冷却系统	1	检查冷却液液位		1	√							
	2	检查、调节风扇传动带张力		1	√							
	3	更换冷却液(防冻液)			一年两次							
	4	清洗散热器和油冷却器芯、中冷器	外部	1		需要时			√			
			内部	1	更换冷却液时							
	5	清扫油冷却器前方网罩		1		需要时						
	6	清扫空调机冷凝器		1		需要时				√		
其他	1	检查铲斗齿的磨损和松动			√							
	2	调整铲斗的连接		1		需要时						
	3	检查和更换安全带		1	√	每隔三年(更换)						
	4	检查前风窗玻璃洗涤液液位		1		需要时						
	5	检查履带垂度		2		需要时						
	6	检查空调机过滤器	循环空气过滤器 清扫	1						√		
			更换	1	清扫六次以上后							
			循环空气过滤器 清扫	1						√		
			更换	1	清扫六次以上后							
	7	检查空调机			√							
	8	紧固发动机气缸头螺栓			需要时							
	9	检查并调整气门间隙								√		
	10	检查燃油喷射正时						需要时				
	11	检查起动器和交流发电机								√		
	12	检查螺栓和螺母的紧固扭矩				★		√				

注:"★"表示只在第一次检查时需要润滑或保养;"√"表示需要润滑或保养。

6.1.2 润滑方法

1. 润滑脂

1）工作装置连接销的润滑保养。铲斗和连杆的销轴、动臂基部销轴、动臂液压缸底部销轴、动臂和斗杆的连接销、斗杆液压缸活塞连接销和铲斗液压缸底销、动臂液压缸活塞杆连接销和斗杆液压缸底销（集中加润滑脂系统）的润滑保养。

2）回转支承的润滑保养。

3）回转支承内啮合齿轮的润滑保养。

2. 发动机机油

根据规定的更换期间的环境温度范围,正确选用油的黏度,如 SAE15 或同级（夏季和冬季）,SAE40 或同级（高温地区）,SAEl0W 或同级（低温地区）。

1）发动机机油油位检查。检查步骤如下：

① 取出油尺 1,用清洁的布擦净油尺上的油垢后重新插入,如图 6-3 所示。

② 再取出油尺,油位必须在刻线标记之间。

③ 如果需要,可通过加油口 2 加油。

注意事项:刚关机便检查油位会得到不正确的结果。检查之前务必让机油至少有 10min 的静止时间。

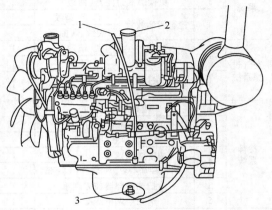

图 6-3　发动机机油油位检查
1—油尺　2—加油口　3—排放塞

2）更换发动机机油及过滤器。步骤如下：

① 起动发动机以把油暖热,但不要使油过热。

② 将机器停放在平地上。

③ 将铲斗降至地面。

④ 关掉自动怠速开关。

⑤ 以低速空载速度使发动机空载运转 5min。

⑥ 把钥匙开关转到关,并取下钥匙。

⑦ 把先导控制开关拉到锁住位置。

⑧ 取下排放塞 1（图 6-4）,让油通过清洁的布流入 50L 的容器内,如图 6-5 所示。

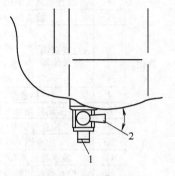

图 6-4　排放塞位置
1—排放塞　2—手柄

⑨ 排完油后,检查布上是否留有金属碎屑等异物。

⑩ 装上并拧紧排放塞。

⑪ 打开右后侧的盖,然后用滤芯扳手拆下滤芯,如图 6-6 所示。

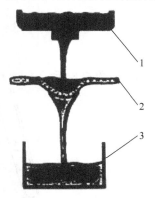

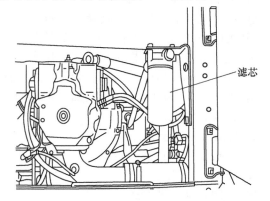

滤芯

图 6-5　油过滤示意图
1—油盘　2—清洁的布　3—容器

图 6-6　滤芯位置

⑫ 在新过滤器的垫片上涂一层薄的清洁的油。

⑬ 装上新过滤器。用手按顺时针方向拧转过滤器盒直到垫片接触到接触面。确保在安装过滤器时不损坏垫片。

⑭ 用过滤器扳手把发动机机油主过滤器多拧 3/4 ~ 1 圈。

⑮ 打开油过滤器盖子,给发动机加入机油。15min 后检查油位是否在油尺的刻线标记之间。

⑯ 装上加油口盖。

⑰ 起动发动机,以低速空载运转 5min。

⑱ 检查监视器盘上的发动机机油压力指示灯是否立刻熄灭。如果不是,立刻关闭发动机并查找原因。

⑲ 关闭发动机,从钥匙开关中取下钥匙。

⑳ 检查排放塞是否有任何渗漏。

3. 齿轮油

(1)回转减速装置　回转减速装置位置如图 6-7 所示。

1)检查油位步骤:

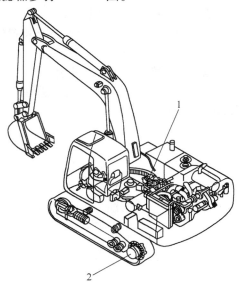

图 6-7　回转减速装置、行走减速装置位置图
1—回转减速装置　2—行走减速装置

① 将机器停放在水平地上。

② 将铲斗降到地面。

③ 关掉自动怠速开关。

④ 以低速空载速度空载运转发动机 5min。

⑤ 关闭发动机，从钥匙开关上取下钥匙。

⑥ 把先导控制开关杆拉到锁住的位置。

⑦ 静止 10min 后取出油尺。油位必须在标记之间，如图 6-8 所示。

⑧ 如果需要，取下加油口盖，加入齿轮油。

⑨ 再检查油位。

2）更换齿轮油步骤：

① 将机器停放在水平地上。

② 将铲斗降至地面。

③ 关掉自动怠速开关。

④ 以低速空载速度空载运转发动机 5min。

图 6-8　油位标记

⑤ 关闭发动机，从钥匙开关上取下钥匙。

⑥ 把先导控制开关杆拉到锁住的位置。

⑦ 取下排放管端部的排放塞以排去油。

⑧ 重新装上排放塞。

⑨ 取下加油盖，加入齿轮油，直到油位到油尺上的标记之间为止。

⑩ 重新装上加油口盖。

（2）行走减速装置　行走减速装置位置如图 6-7 所示。

1）检查油位步骤：

① 将机器停放在水平地上。

② 旋转行走马达，直到排气螺塞 1 和排放螺塞 3 的连线转到垂直位置为止，如图 6-9所示。

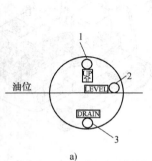

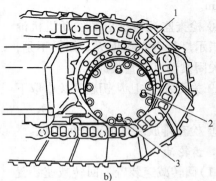

图 6-9　螺塞示意图与位置图

a）螺塞示意图　b）螺塞位置图

1—排气螺塞　2—油位检查螺塞　3—排放螺塞

③ 将铲斗降到地面,关掉自动怠速开关。

④ 以低速空载速度空载运转发动机5min,再关闭发动机,从钥匙开关中取下钥匙。

⑤ 把先导控制开关杆拉到锁住的位置,静止10min后检查油位。

⑥ 在齿轮油冷却后,缓慢地松开排气螺塞1来释放压力。

⑦ 移去排气螺塞1和油位检查螺塞2,油位不得低于油位检查螺塞2孔底10mm。

⑧ 如果需要,把油加到溢出油位检查螺塞孔为止。

⑨ 用密封带包缠螺塞的螺纹,装入排气螺塞1和油位检查螺塞2,并拧紧至49N·m。

⑩ 检查另一个行走减速装置的齿轮油油位。

2)更换齿轮油步骤:

① 将机器停放在水平地上。

② 旋转行走马达,直到排气螺塞1和排放螺塞3的连线转到垂直位置为止。

③ 将铲斗降到地面,关掉自动怠速开关,以低速空载速度空载运转发动机5min,再关闭发动机,从钥匙开关中取下钥匙。

④ 把先导控制开关杆拉到锁住的位置,静止10min后检查油位。

⑤ 在齿轮油冷却后,缓慢地松开排气螺塞1来释放压力。

⑥ 移去排放螺塞3和排气螺塞1排油。

⑦ 清洗排放螺塞3,用密封带包缠螺塞的螺纹,装上并拧紧至49N·m。

⑧ 移去油位检查螺塞2,把油加到溢出油位检查螺塞孔为止。

⑨ 清洗排气螺塞1和油位检查螺塞2,用密封带包缠油位检查螺塞2和排气螺塞1,装上并拧紧至49N·m。

⑩ 对另一个行走减速装置,重复步骤⑤~⑨。

6.1.3 技术保养方法

1. 液压系统

(1)液压装置的检查和保养 操作步骤:

1)保养液压装置时,确保将机器停放在水平坚硬的地面上。

2)将铲斗降至地面,关掉发动机。

3)在部件、液压油和润滑油完全冷却之后才开始保养液压装置,因为在完成操作后不久,液压装置中残留有余热和余压。应注意以下事项:

① 排放液压油箱内的空气以释放内压。

② 让机器冷却。

③ 在拆卸螺塞或螺母时,不要将身体和脸对着它们。液压部件即使在冷却后仍可能具有压力。

④ 绝对不要试图在斜坡上保养或检查行走马达和回转马达回路,因为它们会因自重而具有高压。

4）当连接液压软管和管子时,特别要注意保持密封面无污物并避免损坏它们。牢记以下注意事项:

① 用清洁液洗涤软管、管路各油箱内部,并且在连接前彻底擦干。

② 使用无损坏、无缺陷的 O 形密封圈,并在组装中不要损坏密封件。

③ 连接高压软管时,不可使高压软管扭曲。被扭曲的软管的寿命将会大大地缩短。

④ 谨慎地拧紧低压软管夹子,不可过度拧紧。

5）加液压油时,必须使用同一牌号的油,不可混合使用不同牌号的油。一次需更换系统内所有的油。

6）不可使用在"推荐液压油的牌号名称"表中没有提及的液压油。

7）不可在无油状态下起动发动机。

（2）液压油油位检查　操作步骤:

1）将机器停放在水平地面上。

2）以斗杆液压缸完全缩回和铲斗液压缸完全伸出状态来定位机器。

3）将铲斗降到地面。

4）关掉自动怠速开关。

5）以低速空载速度空载运转发动机 5min。

6）关闭发动机,从钥匙开关中取下钥匙。

7）把先导控制开关杆拉到锁住的位置。

8）打开右侧检修门,检查液压油箱上的油位计,油位必须在油位计的标记之间,否则需加注或排放液压油。

9）用油箱盖钥匙慢慢拧开油箱盖,释放压力。

10）打开油箱盖加油,并再次检查油位计。

11）盖好油箱盖并用钥匙锁上。

（3）清理液压油箱排污管　操作步骤:

1）为容易接近,将上车回转 90°;将机器停放在水平地面上,如图 6-10 所示。

图 6-10　挖掘机停放位置

2）将铲斗降到地面。

3)关掉自动怠速开关。

4)以低速空载速度空载运转发动机 5min。

5)关闭发动机,从钥匙开关中取下钥匙。

6)用油箱盖钥匙慢慢拧开油箱盖,释放压力。

7)排除油箱盖上排污管口的沉积物,疏通排污管。

8)排完水和沉积物后,盖好油箱盖并用钥匙锁上。

(4)更换液压油吸油滤芯 操作步骤:

1)为容易接近,将上车回转 90°,将机器停放在水平地面上。

2)以斗杆液压缸完全缩回和铲斗液压缸完全伸出状态来定位机器。

3)将铲斗降到地面。

4)关掉自动怠速开关。

5)以低速空载速度空载运转发动机 5min。

6)关闭发动机,从钥匙开关中取下钥匙。

7)把先导控制开关杆拉到锁住的位置。

8)清洗液压油箱顶部,以免污物侵入系统。

9)用油箱盖钥匙慢慢拧开油箱盖,释放压力。

10)松开并取下液压油吸油滤芯箱盖。

11)拧松并取下液压油箱底部的排放螺塞,让油箱内的液压油排出。

12)取出吸油过滤器和悬杆组件。

13)清洗过滤器和油箱内部。如果更换新的吸油滤芯,将新过滤器装在悬杆上(图 6-11),拧紧螺母到 14.5~19.5N·m。

14)用吸油泵从油箱盖口吸出油箱底部的剩油。液压油箱的容量大约是 239L。

15)装上过滤器和悬杆组件,确保过滤器正确地定位在出口上。

16)清洁、装上并拧紧油箱底排放螺塞。

17)把油加至油位计的标记之间。

18)装上吸油滤芯箱盖,确保过滤器和悬杆组件在正确的位置上,拧紧螺栓到 49N·m。

(5)更换液压油箱回油滤芯 操作步骤:

1)将机器停放在水平地面上。

2)将铲斗降到地面。

3)关掉自动怠速开关。

4)以低速空载速度空载运转发动机 5min。

5)关闭发动机,从钥匙开关中取下钥匙。

图 6-11 过滤器在悬杆上的安装位置

6）把先导控制开关杆拉到锁住的位置。

7）用油箱盖钥匙慢慢拧开油箱盖，释放压力。

8）松开液压油回油滤芯箱盖。

9）当移去最后两个螺栓 1 时，克服轻弹簧载荷按住过滤器端盖 2，打开过滤器压紧盖 3，如图 6-12 所示。

10）移出弹簧 4 和滤芯 5，取下滤芯，检查过滤器底部是否有金属粒和碎屑，如有过量的青铜和钢的粒子，表示液压泵、液压马达、阀已损坏或将要损坏；若有橡胶类碎屑，则表示液压缸密封件损坏。

11）废弃滤芯，装上新滤芯和弹簧 4。

12）装上回油滤芯箱盖并拧紧螺栓 1 至 49N·m。

（6）更换先导滤芯　操作步骤：

1）将机器停放在水平地面上。

2）将铲斗降至地面。

3）关掉自动怠速开关。

4）以低速空载速度空载运转发动机 5min。

5）关闭发动机，从钥匙开关中取下钥匙。

6）把先导控制开关杆拉到锁住的位置。

7）用扳手按逆时针方向转动，把过滤器壳体从滤芯座上拆下，先导过滤器位置如图 6-13 所示。

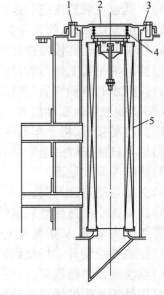

图 6-12　液压油箱回油滤芯位置
1—螺栓　2—过滤器端盖　3—过滤器压紧盖
4—弹簧　5—滤芯

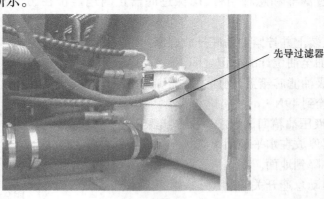

先导过滤器

图 6-13　先导过滤器位置

8）拧下先导滤芯。

9）清洗过滤器头盖和滤芯接触的区域。

10）清扫过滤器壳体，把新的先导滤芯拧到滤芯座上固定好。

11）按顺时针方向转动，把过滤器壳体装到过滤器座上，把壳体螺栓紧固至39N·m。

（7）检查软管和管路　操作步骤：

1）将机器停放在坚实的水平地面上，将铲斗降至地面，把先导控制开关杆拉到锁住位置，关掉发动机，从钥匙开关中取下钥匙。

2）检查是否有遗失或松动的管夹、扭曲软管、相互摩擦的管路或软管，油冷却器是否损坏，法兰螺栓是否松弛，有无漏油。

3）紧固、修理或更换任何松动、损坏或遗失的管夹、软管、管路、油冷却器及其法兰螺栓，不要弯曲或碰撞高压管路，绝对不可安装弯曲或损坏的软管或管路。

2. 燃油系统

加燃油操作步骤：

1）在给油箱加油时，确保不将燃油溅到机器上，并不要超出规定量，燃油箱容量为340L。

2）当燃油油位超过燃油箱过滤器位置时，请停止加油。

3）固定好燃油枪嘴，避免燃油枪嘴损坏燃油箱过滤器。

4）将加油盖重新装到加油口上。

5）用钥匙锁上加油盖，以防遗失或损坏。

3. 空气过滤器

清扫空气过滤器外部滤芯步骤：

1）松开端盖的固定螺栓，取下端盖。

2）松开外滤芯的固定螺栓，拆下外部滤芯。

3）用手轻轻地拍打外部滤芯，切不可在硬物上敲打。

4）用压缩空气清扫外部滤芯，从外部滤芯的里面往外吹气。

5）在装上外部滤芯之前，清扫过滤器内部。

6）装上外部滤芯。

7）清理并装上端盖，拧紧固定螺栓。

4. 冷却系统

（1）检查和调整风扇传动带张力　操作步骤：

1）目视检查传动带的磨损状况，如果需要进行更换。用拇指按压风扇带轮和交流电动机带轮之间传动带的中点来检查风扇传动带的张力，当按下的压力大约为98N时，挠度必须在9～12mm范围内。

2）如果张力不在规定范围内，松开调整盘和托架螺栓，调节张紧螺栓使传动带挠度在规定范围以内,然后拧紧调整盘和托架螺栓。

（2）更换冷却液　操作步骤：

1）移去散热器盖子,打开散热器和发动机上的排放螺塞,排尽冷却液。

2）关上排放螺塞,给散热器装进自来水和散热器清洁剂,起动发动机并以略高于低速空转的速度运转,当温度表的指针达到绿色区域时,继续运转发动机大约15min。

3）关掉发动机并打开散热器排放螺塞,用自来水冲洗冷却系统,直到排出的水干净为止。

4）关上排放螺塞,以规定的混合比例给散热器装进自来水和防锈剂或者防冻剂。

5）在加完冷却液之后,让发动机运转几分钟。

（3）检查散热器和油冷却器　操作步骤：

1）打开散热器检修门和罩盖。

2）清扫空调机冷凝器。

3）拆下油冷却器的前部网罩并清扫。

4）用压力小于0.2MPa的压缩空气或水来清扫或清洗散热器和油冷却器。

5. 电气系统

（1）检查蓄电池的电解液液位和端子　蓄电池电解液内的硫酸是有毒性的,它有相当强的酸性,能灼伤皮肤,使衣服破洞,如果溅进眼睛,将造成失明。采取下列方法来避免危险：

1）在通风良好的地方充填蓄电池。

2）戴上眼睛护具和塑胶手套。

3）谨防电解液的溅出和滴落。

4）使用适当的辅助蓄电池起动步骤。

操作注意事项：

1）总是先脱开接地的蓄电池夹子,并在最后再装上。

2）始终保持位于蓄电池顶部的端子和放气螺塞的清洁,以避免蓄电池放电。

3）检查蓄电池端子是否松弛和锈蚀,给端子涂上凡士林以避免腐蚀。

（2）更换蓄电池　机器上有两个负极接地的12V蓄电池。如果24V系统中一个蓄电池失去作用而另外一个良好,则可以同类型的蓄电池来更换失去作用的蓄电池。例如,以新的不要保养的蓄电池来更换失去作用的不要保养的蓄电池。不同形式的蓄电池的充电速度可能不同,这一差别可能会使蓄电池中的某一个因过载而失去作用。

6. 其他方面

（1）铲斗齿检查、更换

1）检查铲斗齿的磨损和松动。如果铲斗齿的磨损程度超过图 6-14 所示的设计使用限度 A，则应更换铲斗齿。新铲斗齿的长度一般为 205mm，如果其磨损量超过设计使用限度（110mm），则应更换。

2）铲斗齿更换步骤：

①使用锤子和冲头来取出锁销，如图 6-15 所示。

②卸去齿套，检查锁销有无损坏，如损坏，则需进行更换，必须用新品来更换掉磨短的铲斗齿和损坏了的锁销。

安全注意事项：必须佩戴护目镜或安全眼镜及适合作业的安全器具，以防止因金属片的飞出而造成受伤。

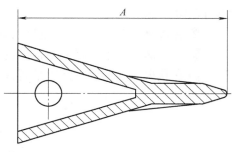

图 6-14　铲斗齿的使用限度

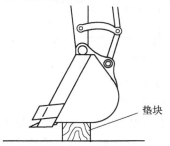

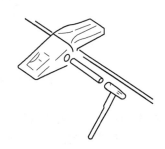

垫块

图 6-15　铲斗齿更换示意图

（2）检查履带的下垂量　如图 6-16 所示，把上车回转 90°，然后降下铲斗把履带提离地面。保持动臂和斗杆之间的夹角在 90°～110° 范围内，并将铲斗圆弧部放于地面。在机器架下放置垫块，以支撑机器。

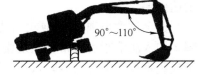

90°～110°

回转履带倒退两整圈，然后回转履带前进两整圈。在履带架中部测量从履带架到履带板底面间的距离，如图 6-17 所示。履带下垂量规定值为 300～500mm。

图 6-16　挖掘机停放状态

图 6-17　履带下垂量测量

（3）调整履带下垂量

1）调松履带步骤：

① 用套筒扳手按逆时针方向缓慢地旋转螺母 1，润滑脂将从润滑脂出口排出，如图 6-18 所示。

② 将螺母 1 转 1～1.5 圈便足以放松履带。

③ 如果润滑脂不能顺利地排出，可把履带提离地面并缓慢地回转。

④ 在获得适当的履带下垂量后，按顺时针方向把螺母 1 拧紧到 147N·m。

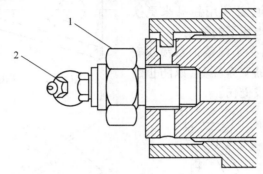

图 6-18　履带调整示意图

1—螺母　2—润滑脂嘴

安全注意事项：不要快速地或过多地松开螺母 1，否则，履带张紧液压缸中的润滑脂会喷出。应谨慎地把螺母 1 松开，并且不能把身体和脸部对着螺母 1。绝对不可松开润滑脂嘴 2。

2）调紧履带步骤：将润滑脂枪接在润滑脂嘴 2 上，加入润滑脂，直到履带下垂量达到要求为止。

安全注意事项：在按逆时针方向转开螺母 1 后履带仍然过紧，或者在向润滑脂嘴 2 加入润滑脂后履带仍然过松，都属于不正常现象。此时，绝对不可试图拆卸履带或履带调节器，因为履带调节器内的高压润滑脂会带来危险。

（4）张紧装置保养　需要将张紧液压缸内的润滑脂释放，张紧液压缸缩回约 5cm 后，重新张紧履带到正常位置；反复三次。

（5）检查螺栓和螺母的紧固扭矩　如果有松弛，应紧固至表 6-3 与表 6-4 中所规定的扭矩，并使用扭力扳手来检查或紧固螺栓和螺母。

表 6-3　螺母和螺栓的紧固扭矩技术规格

螺纹尺寸	标准紧固扭矩值/N·m	螺纹尺寸	标准紧固扭矩值/N·m
M6	12±3	M14	160±30
M8	28±7	M16	240±40
M10	55±10	M20	460±60
M12	100±20	M30	1600±200

表6-4　主要部件上螺栓的紧固扭矩值

螺栓尺寸	推荐的紧固扭矩值/N·m	螺栓尺寸	推荐的紧固扭矩值/N·m
M16 行走马达固定螺栓	252±39.2	M20 回转机构固定螺栓	570±60
M16 驱动轮固定螺栓	252±39.2	M24 托带轮固定螺栓	710±60
M20 回转支承固定螺栓	570±60	M30 配重固定螺栓	1600±200

操作注意事项：

1）在安装之前确保螺栓和螺母上的螺纹清洁。

2）给螺栓和螺母涂上润滑剂，以稳定它们的摩擦因数。

3）如果配重的装配螺栓已松弛，应及时拧紧。

注意：紧固扭矩以 kgf·m 为单位，1kgf·m＝9.8N·m。

例如用1m长的扳手紧固螺栓或者螺母时，以12kgf的力旋转扳手尾端，将产生的扭矩为

$$1m \times 12kgf = 12kgf \cdot m$$

以 0.25m 长的扳手要产生同样的扭矩时

$$0.25m \times y = 12kgf \cdot m$$

所需的力应为 $y = 12kgf \cdot m/0.25m = 48kgf$

（6）特殊情况下的保养　　见表6-5。

表6-5　特殊情况下的保养

操作条件	注意事项
泥沼地、多雨或多雪天气	操作前：检查栓塞和一切排放螺栓是否已拧紧 操作后：清扫机器并检查是否有断裂、损坏、松弛或者遗失的螺母和螺栓。按时润滑全部必须润滑的零件
海边	操作前：检查螺栓和一切排放螺栓是否已拧紧 操作后：用清水彻底地清洗机器，以洗去盐分。经常保养电气设备，以避免腐蚀
多尘土环境	空气过滤器：以短保养间隔定期清扫滤芯 散热器：清扫油冷却器网罩，以免散热器芯的堵塞 燃油系统：以短保养间隔定期清洗过滤器滤芯和过滤器 电气设备：定期清扫，特别是交流发电机和起动器的整流器表面
多石地面	履带：经常检查是否有断裂、损坏和遗失的螺母和螺栓。比通常稍微放松一点履带 工作装置：挖掘多石的地面时，标准配件会被损坏。应加固铲斗或使用重型铲斗
冰冻天气	燃油：使用适合低温度的高质量燃油 润滑剂：使用高质量低黏度的液压油和发动机油 发动机冷却液：务必使用防冻剂 蓄电池：以短保养间隔定期充足蓄电池的电。如果不充足电，电解液可能冻结 履带：保持履带的清洁。将机器停放在坚硬的地面上，以免履带冻结在地面上
落石	驾驶室：必要时装设驾驶室的保护装置，以使机器免受落石的损害

6.1.4　维护与保养安全注意事项

1. 安全保养

1）预防事故：

① 作业前了解保养规程。

② 保持作业区域的清洁和干燥。

③ 不要在驾驶室内喷水或蒸汽。

④ 机器移动时，不可给机器加油润滑或进行保养。

⑤ 避免手、脚和衣服与转动部件接触。

2）机器保养前：

① 将机器停放在水平地面上。

② 将铲斗降到地面。

③ 以低速空载运转发动机 5min。

④ 把钥匙开关转至 OFF（关）位置，停止发动机。

⑤ 移动几下操纵杆，释放掉液压系统内的压力。

⑥ 从钥匙开关中取下钥匙。

⑦ 在操纵杆处挂上"请勿操作"的标牌。

⑧ 把安全锁定杆拉到 LOCK（锁住）位置。

⑨ 冷却发动机。

3）如果保养必须在发动机运转的状态下进行，驾驶室内必须有合格的驾驶员。

4）如果保养时必须抬起机器，应把动臂和斗杆之间的角度保持在 90°～110° 之间，牢牢地支撑住被抬起的机器任何部件，不可在被动臂抬起的机器下面作业。

5）定期检查零部件，根据需要进行修理或更换。

6）保持所有的零件处在良好的工作状态并安装正确。

7）及时更换磨损或破碎的零件，清除任何积存的润滑脂、油或碎屑。

8）使用不燃性洗涤油，绝对不要使用燃油、汽油等高度易燃性油去清洗零件或表面。

9）在对电气系统进行调节或在机器上进行焊接前，务必断开蓄电池的接地电缆。

10）给作业场所提供充分的照明，在机器下面或内部工作时，总是使用有护罩的工作灯，防止灯泡破碎而引燃溅出的燃油、机油、防冻液、洗涤液等。

2. 飞扬碎片防护

碎片飞入眼里或弹到身体的任何部位，将会导致重伤。

1）使用护目镜或安全眼镜，防止飞扬金属片或碎片的伤害。

2）敲击物体时，禁止他人进入工作区域。

3. 机器保养时警告他人

预料之外的机器移动会导致重伤,在对机器进行任何保养前,在操纵杆处挂上"请勿操作"的标牌。

4. 正确支撑机器

绝对不要在没有支撑好机器前,对机器进行维修保养。

1)维修保养机器之前总是将前端工作装置降到地面。

2)如果必须抬起机器或对前端工作装置进行维修保养,应支撑好机器或前端工作装置。不要用矿渣砖、空心轮胎或架子来支撑机器,它们在连续载荷下会坍塌;不要在用单个千斤顶支撑的机器下面工作。

5. 远离转动部件

1)卷入转动部件会导致重伤。

2)在转动部件旁工作时,小心手、脚、衣服、首饰和头发被转动部件卷入。

6. 防止零件飞出

1)履带张紧装置中的润滑脂是处于高压状态下的,如果不遵守注意事项,可能导致重伤、失明或死亡事故;卸下润滑脂嘴或阀体部件时,由于零件可能会飞出,因此身体和脸必须远离阀体。

2)行走减速机构具有的压力可能导致零件飞出,身体和脸部必须离开排气螺塞,以免受伤;热的齿轮油可能造成烫伤,等齿轮油冷却后,逐渐松开排气螺塞,释放压力。

7. 安全存放配件

存放着的配件,例如铲斗、液压锤和平铲,需防止倒落,以免发生严重的伤亡事故。安全地存放配件和器械,让无关人员远离存放区域。

8. 注意高压液体

高压力下射出的燃油、液压油等液体能穿透皮肤或射入眼内,将导致重伤、失明或死亡。

1)在拆卸液压或其他管路前应释放压力,以避免危险。

2)在加压前紧固所有的连接。

3)用纸板查找泄漏时,应注意保护手和身体,避免接触高压液体,并佩戴好面罩或护目镜,以保护眼睛。

◇◇◇◇ 6.2　液压挖掘机常见故障的诊断

挖掘机在使用过程中,会因为时间的加长,造成各运动零件发生正常的自然磨损;会因为使用保养不当,引起严重的不正常磨损,以致零件的正常配合关系遭到破坏;会因为零件的变形、锈蚀、紧固件的松动以及有关部位调整不正确,破坏机械原有技术状态；会因为不利作业环境的影响，使机械的动力性、经济性、可靠性下降，严重时机械不能正常工作，这种现象称为机械故障。当机械发生故障后，通过分析、判断以及采取必要的方法找出故障发生的部位及原因，采取措施予以排除，迅速恢复完好的技术状态，称为故障排除。

6.2.1　机械故障的一般现象

1. 工作突变

如发动机突然熄火，起动困难，甚至不能起动，液压执行元件突然变慢等。

2. 声响异常

如发动机敲缸响、液压泵响等。

3. 渗漏现象

如漏水、漏气、漏油等。

4. 过热现象

如发动机过热、液压油过热、液压缸过热等。

5. 油耗增多

如发动机机油被燃烧而消耗、燃油因燃烧不完全而漏掉等。

6. 排气异常

如气缸上窜机油，废气冒蓝烟；燃烧不彻底，废气冒黑烟等。

7. 气味特殊

如漏撒的机油被发动机烤干，电气线路过载烧焦的气味等。

8. 外观异常

如局部总成件振动严重，液压缸活塞杆颜色变暗等。

6.2.2　故障诊断方法

1. 简易诊断法

简易诊断法又称主观诊断法，是依靠维修人员的视觉、嗅觉、听觉、触觉以及实践经验，辅以简单的仪器对挖掘机液压系统、液压元件出现的故障进行诊断，具体方法如下：

（1）看　观察挖掘机液压系统、液压元件的真实情况，一般有六看：

1）看速度。观察执行元件（液压缸、液压马达等）运行速度有无变化和异常现象。

2）看压力。观察液压系统中各测压点的压力值是否达到额定值及有无波动。

3）看油液。观察液压油是否清洁、变质；油量是否充足；油液黏度是否符合要求；油液表面是否有泡沫等。

4）看泄漏。看液压管道各接头处、阀块接合处、液压缸端盖处、液压泵和液压马达轴端处等是否有渗漏和出现油垢。

5）看振动。看液压缸活塞杆及运动机件有无跳动、振动等现象。

6）看产品。根据所有液压元件的品牌和加工质量,判断液压系统的工作状态。

（2）听　用听觉分辨液压系统的各种声响,一般有四听:

1）听冲击声。听液压缸换向时冲击声是否过大,液压缸活塞是否撞击缸底和缸盖,换向阀换向是否撞击端盖等。

2）听噪声。听液压泵和液压系统工作时的噪声是否过大,溢流阀等元件是否有啸叫声。

3）听泄漏声。听油路板内部是否有细微而连续的声音。

4）听敲击声。听液压泵和液压马达运转时是否有敲击声。

（3）摸　用手摸液压元件表面,一般有四摸:

1）摸温升。用手摸液压泵和液压马达的外壳、液压油箱外壁和阀体表面,若接触2s时感到烫手,一般可认为其温度已超过65℃,应查找原因。

2）摸振动。用手抚摸内有运动零部件的外壳、管道或油箱,若有高频振动应查找原因。

3）摸爬行。当执行元件、特别是控制机构的零件低速运动时,用手抚摸内有运动零部件的外壳,感觉是否有爬行现象。

4）摸松紧程度。用手抚摸开关、紧固或连接的松紧可靠程度。

（4）闻　闻液压油是否发臭变质,导线及油液是否有烧焦的气味等。

简易诊断法虽然有不依赖于液压系统的参数测试、简单易行的优点,但由于各人的感觉不同、判断能力差异、实践经验的多少和对故障的认识不同,判断结果会存在很大差异,所以在使用简易诊断法诊断故障有困难时,可通过拆检、测试某些液压元件来进一步确定故障。

2. 精密诊断法

精密诊断法,即客观诊断法,是指采用检测仪器和电子计算机系统等对挖掘机液压元件、液压系统进行定量分析,从而找出故障部位和原因。精密诊断法包括仪器仪表检测法、油液分析法、振动声学法、超声波检测法、计算机诊断专家系统等。

（1）仪器仪表检测法　利用各种仪器仪表测定挖掘机液压系统、液压元件和各项性能、参数（压力、流量、温度等）,将这些数据进行分析、处理,以判断故障所在。

（2）油液分析法　据资料介绍,挖掘机液压系统的故障约有70%是油液污染引起的,因而利用各种分析手段来鉴别油液中污染物的成分和含量,可以诊断挖掘机液压系统故障及液压油污染程度。

（3）振动声学法　通过振动声学仪器对液压系统的振动和噪声进行检测,按照振动声学规律识别液压元件的磨损状况及其技术状态,在此基础上诊断故障的原因、部位、程度、性质和发展趋势等。

（4）超声波检测法　应用超声波技术在液压元件壳体外和管壁外进行探测，以测量其内部的流量值。常用的方法有回波脉冲法和穿透传输法。

（5）计算机诊断专家系统　基于人工智能的计算机诊断专家系统能模拟故障专家的思维方式，运用已有的故障诊断的理论知识和专家的实践经验，对收集到的液压元件或液压系统故障信息进行推理分析并作出判断。

以微处理器或微型计算机为核心的电子控制系统通常都具有故障自我诊断功能，在工作过程中，控制器能不断地检测和判断各主要组成元件工作是否正常。一旦发生异常，控制器通常以故障码的形式向驾驶员指示故障部位，从而可方便准确地查出所出现的故障。

3. 故障诊断顺序

诊断应遵循由外到内、由易到难、由简单到复杂、由个别到一般的原则进行。诊断顺序如下：

查阅资料（挖掘机使用说明书及运行、维修记录等）、了解故障发生前后挖掘机的工作情况—外部检查—试车观察—内部系统油路布置检查（参照液压系统图）—仪器检查（压力、流量、转速和温度等）—分析、判断—拆检、修理—试车、调整—总检查、记录。其中先导系统、溢流阀、过载阀、液压泵及过滤器等为故障率较高的元件，应重点检查。

以上诊断故障的几个方面，不是每一项全用上，而是根据不同的故障具体灵活地运用。但是，进行任何故障的诊断，总离不开思考和分析原理。认真地进行故障分析，可以少走弯路，而且故障分析的准确性还与诊断人员所具备的经验和理论知识的丰富程度有关。

6.2.3　机械系统常见故障的诊断与排除

机械系统常见故障的诊断与排除见表6-6。

表6-6　机械系统常见故障的诊断与排除

故障现象	原因分析	排除方法
结构件噪声大	1)紧固件松动产生异响 2)铲斗与斗杆端面间隙磨损加大	1)检查并重新拧紧 2)将间隙调整到小于1mm
斗齿在工作中脱落	1)斗齿销多次使用，弹簧变形弹性不足 2)斗齿销与齿座不配套	更换斗齿销
履带在挖掘机下打结	1)履带松弛 2)在崎岖道路上驱动轮在前快速行驶	1)装紧履带 2)道路崎岖时导向轮在前慢速行驶
风扇不转	1)电气或接插件接触不良 2)风量开关、继电器或温控开关损坏 3)熔丝断或电池电压太低	修理或更换

（续）

故障现象		原因分析	排除方法
风扇运转正常,但风量小		1)吸气侧有障碍物 2)蒸发器或冷凝器的翅片堵塞,传热不畅 3)风机叶轮有一个卡死或损坏	清理
压缩机不运转或运转困难		1)电路因断线、接触不良导致压缩机离合器不吸合 2)压缩机传动带张紧不够,传动带太松 3)压缩机离合器线圈断线、失效 4)储液器高、低压开关起作用	修理;更换离合器线圈制冷剂量太少或太多
制冷剂(冷媒)量不足		1)制冷剂泄漏 2)制冷剂充注量太少	1)排除泄漏点 2)充入适量制冷剂
正常工作情况下高、低压表的读数		当环境温度为 30～50℃时: 高压表读数:1.47～1.67MPa 低压表读数:0.13～0.20MPa	
低压压力偏高	低压管表面有霜附着	1)膨胀阀开启太大 2)膨胀阀感温包接触不良 3)系统内制冷剂超量	1)更换膨胀阀 2)正确安装感温包 3)排除一部分至达到规定量
低压压力偏低	高、低压表均低于正常值	制冷剂不足	补充制冷剂到规定量
	低压表压力有时为负压	低压胶管有堵塞,膨胀阀有冰堵或脏堵	修理系统,冰堵应更换储液器
	蒸发器冻结	温控器失效	更换温控器
膨胀阀入口侧凉,有霜		膨胀阀堵塞	清洗或更换膨胀阀
膨胀阀出口侧不凉,低压表压力有时为负压		膨胀阀感温管或感温包漏气	更换膨胀阀
高压表压力偏高	高压表压力偏高,低压表压力偏高	1)循环系统中混有空气 2)制冷剂充注过量	1)排空,重抽真空后再充制冷剂 2)放出适量制冷剂
	1)冷凝器被灰尘等杂物堵塞 2)冷凝风机损坏	冷凝器冷凝效果不好	1)清洗冷凝器并清除堵塞 2)检查更换冷凝风机
高压表压力偏低	1)高、低压压力均偏低 2)低压压力有时为负压 3)压缩机有故障	1)制冷剂不足 2)低压管路有堵塞或损坏 3)压缩机内部有故障,压缩机及高压管发烫	1)修理并按规定补充制冷剂 2)清理或更换故障部位 3)更换压缩机

6.2.4　整机故障诊断与排除

整机故障诊断与排除见表 6-7。

表 6-7　整机故障诊断与排除

序号	故障特征	原因分析	排除方法
1	功率下降	1）柴油机输出功率不足 2）液压泵磨损 3）分配阀或主溢流阀调整不当 4）工作油量不足	1）检查修理 2）检查修理 3）调整压力到合适 4）从油质、系统泄漏、元件磨损等方面检查
2	作业不良	1）液压泵出现故障 2）液压泵排油量不足	1）检查或更换 2）检查油质、液压泵的磨损及密封等，必要时更换
3	回转压力不足	1）缓冲阀调整压力下降 2）液压马达性能下降 3）回转轴承损坏	1）调整压力到合适 2）检查更换 3）更换
4	回转制动失灵	1）缓冲阀调整压力下降 2）液压马达性能下降	1）调整压力到合适 2）检查更换
5	回转时有异常声响	1）大小齿轮润滑脂不足 2）回转支承润滑脂不足 3）液压马达性能下降	1）加润滑脂 2）加润滑脂 3）检查更换
6	行走力不足	1）溢流阀调整压力低 2）缓冲阀调整压力低 3）液压马达性能下降 4）中央回转接头密封损坏	1）调整压力到合适 2）调整压力到合适 3）检查或更换 4）更换
7	行走不轻快	1）履带内有石块等杂物夹入 2）履带板张紧过度 3）缓冲阀调整压力不合适 4）液压马达性能下降	1）除去杂物并调整 2）调整到合适 3）调整压力到合适 4）检查或更换
8	行走时跑偏	1）履带张紧左右不同 2）液压泵性能下降 3）液压马达性能下降 4）中央回转接头密封损坏	1）调整 2）检查或更换 3）检查或更换 4）更换

技能训练 1　对液压挖掘机进行日常维护和保养（表 6-8）

表 6-8　液压挖掘机的日常维护和保养

序号	润滑部位	图示	操作步骤及相关要求
1	回转支承		1）将机器停放在水平地面上 2）将铲斗降至地面 3）关掉自动急速开关 4）以低速空载速度空载运转发动机 5min 5）将钥匙开关转到关，并取下钥匙 6）把先导控制开关杆拉至锁住位置 7）在上车静止状态下往两个润滑脂嘴中加入润滑脂 8）起动发动机并将铲斗提离地面，回转上车结构 45°（1/8 圈） 9）将铲斗降至地面 10）从第 3）步开始重复上述步骤三次 11）给回转支承加润滑脂直到看到润滑脂从回转支承密封处渗出为止，润滑脂容量约为 0.3L

（续）

序号	润滑部位	图示	操作步骤及相关要求
2	工作装置连接销	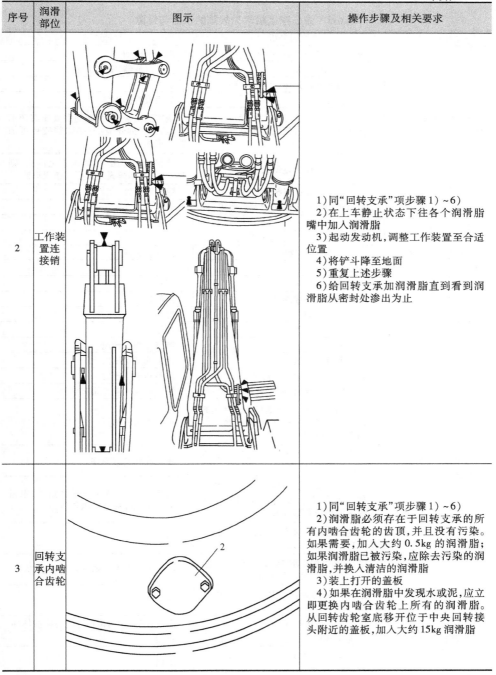	1）同"回转支承"项步骤 1）~6） 2）在上车静止状态下往各个润滑脂嘴中加入润滑脂 3）起动发动机，调整工作装置至合适位置 4）将铲斗降至地面 5）重复上述步骤 6）给回转支承加润滑脂直到看到润滑脂从密封处渗出为止
3	回转支承内啮合齿轮		1）同"回转支承"项步骤 1）~6） 2）润滑脂必须存在于回转支承的所有内啮合齿轮的齿顶，并且没有污染。如果需要，加入大约 0.5kg 的润滑脂；如果润滑脂已被污染，应除去污染的润滑脂，并换入清洁的润滑脂 3）装上打开的盖板 4）如果在润滑脂中发现水或泥，应立即更换内啮合齿轮上所有的润滑脂。从回转齿轮室底移开位于中央回转接头附近的盖板，加入大约 15kg 润滑脂

技能训练2　分析液压挖掘机常见故障，正确运用排除方法（表6-9）

表6-9　液压挖掘机常见故障的诊断与排除

故障现象	原因分析	排除方法
挖掘机全车无动作	液压油箱油量不够，主泵吸空	加足液压油
	吸油过滤器堵死	更换过滤器，清洗系统
	发动机联轴器损坏（如胶盘、弹性盘）	更换
	主泵损坏	更换或维修主泵
	伺服系统压力过低或无压力	调整到正常压力，如伺服溢流阀调不上压力，则拆开清洗；如弹簧疲劳可加垫或更换
	安全阀调定压力过低或卡死	调整到正常压力，如调不上压力，则拆开清洗；如弹簧疲劳可加垫或更换
	主泵吸油管爆裂或拔脱	更换新管件
单边履带不能行驶	给单边履带行走供油的主泵损坏	更换
	履带轨断裂	连接
	行走先导阀损坏，行走伺服压力过低	更换
	主阀杆卡死，弹簧断裂	修复或更换
	行走马达损坏	更换
	行走减速器损坏	更换
	回转接头上下腔连通	换油封
	行走油管爆裂	更换
挖掘机全车动作迟缓无力	液压油箱油位不足	加足液压油
	发动机转速过低	调整发动机转速
	伺服系统压力过低	调整到规定压力
	系统安全阀调定压力过低	调整到规定压力
	主泵供油不足，提前变量	调整主泵变量点调节螺栓
	主泵内泄严重，如配油盘与缸体间的球面磨损严重、压紧力不够、柱塞与缸体间磨损造成内泄	更换主泵或修复
	行走马达、回转马达、液压缸均有不同程度的磨损，产生内泄	更换或修复磨损件
	年久的挖掘机由于密封件老化、液压元件逐渐磨损、液压油变质，使作业速度随温度提高而减慢无力	更换液压油，更换全车密封件，重新调整液压元件配合间隙与压力
	发动机过滤器堵塞，造成加载转速降低严重，严重时熄火	更换滤芯
	液压油过滤器堵塞会加快液压泵、液压马达、阀磨损而产生内泄	按保养大纲定期清洗和更换滤芯
	主阀杆与阀孔间隙磨损过大，内泄严重	修复阀杆
左右行走无动作（其他正常）	中央回转接头损坏	更换油封，如沟槽损坏应更换损坏件
	行走操纵阀高压腔与低压腔串通	更换
	行走操纵阀内泄严重，造成行走伺服压力过低	更换

（续）

故障现象	原因分析	排除方法
左右行走无动作 （其他正常）	主阀中行走阀过载压力过低或阀杆卡死	调整、研磨
	左、右行走减速器有故障	修复
	左、右行走马达有故障	修复
	油管爆裂	更换
行走时跑偏（其他正常）	双泵的流量相差过大	调整
	主泵变量点调整有误差或有一个泵内泄过大	调整或修复
	主阀中有一行走阀阀芯或外弹簧损坏或卡紧	更换
	行走马达有磨损而产生内泄	修复或更换
	中央回转接头密封件老化损坏	更换密封件
	左、右履带松紧不一	调整
	行走制动器有带车现象	调整
	先导阀有内泄或损坏	更换
未操作时行走机构有移动现象	先导阀手柄压盘，压紧量过大	调整
	先导阀阀芯有卡紧现象	更换
	主阀阀杆有卡紧现象或阀杆弹簧断裂	修复
	挖掘时行走抱闸未抱死	调整
动臂（斗杆、铲斗）只有单向动作	先导阀阀芯卡死	修复
	主阀阀芯卡死或阀杆弹簧断裂	修复或更换
动臂（斗杆、铲斗）无动作	先导阀卡死或内泄严重或伺服压力过低	更换
	主阀动臂阀杆卡死或过载压力过低	修复
	供油路油管漏油、拔脱，O形密封圈损坏，管接头松动	更换损坏件
	主阀内部有砂眼，高、低压腔连通	更换
动臂（斗杆、铲斗）下落过快或在一定高度不操纵时工作液压缸在自重下下坠	先导阀阀芯卡紧	修复或更换
	过载溢流阀调定压力过低	调整
	液压缸内泄大	更换密封，修复液压缸内壁划痕和沟槽或更换液压缸
	油管接头松动，O形密封圈损坏	更换
动臂（斗杆、铲斗）工作缓慢无力	先导阀输出压力过低，先导阀有内泄	更换
	动臂（斗杆）合流时，有一片阀未工作，造成未合流	修复、清洗
	多路阀内泄严重或有砂眼	更换
	过载溢流阀调定压力过低	调整
	液压缸内泄大	更换油封
	主泵有内泄，工作不正常	修复或更换
未操作时动臂（斗杆、铲斗）有运动现象	先导阀手柄压盘，压紧量过大	调整
	先导阀阀芯卡紧	修复或更换
	多路阀阀芯卡紧或内泄过大	研磨或更换

（续）

故障现象	原因分析	排除方法
未操作时动臂（斗杆、铲斗）有运动现象	多路阀阀杆弹簧断裂	更换
	工作液压缸泄漏，作业设备在自重下下降	更换油封
	主阀过载溢流阀调定压力过低或弹簧断裂	调整到规定压力，如果弹簧断裂应更换
液压油温度过高	没有正确使用挖掘机要求牌号的液压油	更换液压油
	液压油冷却器外表油污、泥土多，通风孔堵塞	清洗
	发动机风扇传动带打滑或断开	调整传动带松紧度或更换
	液压油箱油位过低	加足液压油
	液压油污染使液压马达、主阀、液压缸等液压元件内部零件或密封件加速磨损而产生内泄，引起油温升高，行走、回转、工作装置动作迟缓无力，而且温度高又会使液压油恶化，安全阀封闭不严，溢流损失严重	及时更换各种滤芯
回转无动作（其他动作正常）	液压油管破裂	更换
	伺服阀内泄，阀杆卡住或损坏	修复或更换
	主阀上回转阀杆卡死	修复
	回转马达损坏	修复或更换
	回转制动器没打开	调整
	回转减速器内部损坏	修理、更换损坏的齿轮
	回转支承损坏	更换
回转左右方向速度不等（其他正常）	伺服阀内泄过大	更换
	多路阀左右回转过载压力不等	调整
	多路阀回转阀杆有轻微卡紧现象	研磨
	回转制动抱闸	调整
回转迟缓无力（其他正常）	液压油管外泄严重	更换管件和密封件
	伺服阀内泄大，压力低于规定值	更换
	多路阀回转过载溢流阀调定压力低	调整
	回转制动器带车	调整
	回转马达内泄严重	修复或更换
	多路阀高、低压腔串通，阀体有铸造砂眼，造成单向动作或几个动作联动	更换
未操作回转机构而有回转现象	先导阀手柄压盘，压紧量过大	调整
	先导阀阀芯有卡紧现象	修复
	主阀阀杆弹簧断裂	更换
挖掘机工作时产生异响、异常振动	液压油箱油量不足	补油
	油液中含水分、空气过多	更换
	主泵柱塞打断，产生振动、噪声	更换
	多路阀中的安全阀发响	调整
	联轴器损坏	更换
	减速器齿轮损坏	更换

（续）

故障现象	原因分析	排除方法
挖掘机工作时产生异响、异常振动	冷却风扇叶片刮到风罩	调整
	硬管管卡未卡紧而振动	调整
	过滤器堵塞	更换
	吸油管进气	排气
	发动机转速不均	调整
	工作装置轴承没有润滑或研伤	加润滑油或更换轴或套
液压缸无力、漏油	密封损坏	更换密封件
	活塞杆拉磨出沟槽或活塞杆镀铬层局部脱落引起漏油	刷镀、喷涂、修复或更换
	液压缸工作爬行，有振动、噪声，原因是缸内有空气	排气
液压泵系统不供油或供油不足	发动机转速太低	调整到正常转速
	主泵有故障	更换
	油箱油量不足	补油
	先导阀压力不足	调整
	油管破裂，油管接头松动，O形密封圈损坏	更换

复习思考题

1. 简述回转支承的润滑保养操作步骤。
2. 简述更换齿轮油的步骤。
3. 简述更换先导滤芯的操作步骤。
4. 调紧履带的步骤和安全注意事项有哪些？
5. 机械故障的一般现象是什么？
6. 整机行走力不足的故障原因及其排除方法有哪些？

第7章

挖掘机装配与调试工模拟试卷样例

◇◇◇ 7.1 挖掘机装配与调试工（初级）模拟试卷样例

在参加挖掘机装配与调试工职业技能鉴定考试前，应该做好哪些准备工作呢？本教材依据技能鉴定考核要求从"技能鉴定考核试题形式""试卷的组成及考核注意事项"和"考核内容"三个方面进行分析和指导，可以对国家职业技能鉴定的考核内容、结构和鉴定要求了如指掌，从而做好各方面的准备。

1. 技能鉴定考核试题形式

分为理论知识考试和技能操作考核。理论知识考试采用闭卷笔试等方式，技能操作考核采用现场实际操作、模拟操作或口试等方式。

2. 试卷的组成及考核注意事项

（1）试卷组成 一套完整的技能试卷包括"准备通知单""试题正文"和"评分记录表"。

（2）考核注意事项

1）评分记录表中包括扣分、得分、备注以及考评员签字，该部分由考评员填写，考生不得填写。

2）理论知识考试和技能操作考核均实行百分制，成绩皆达 60 分及以上者为合格。

3）所有操作技能考核项目的鉴定内容必须在规定时间内完成，不得超时。特殊情况下，须与考评员商定后酌情处理。试卷中各项技能考核时间均不包括准备时间。

4）试卷中准考证号、考生单位及姓名由考生填写，得分情况由考评员填写。考生在拿到试卷后应首先检查试卷是否和自己所报考的工种、级别相一致。

3. 考核内容

（1）理论知识鉴定考核要点（表7-1）

表 7-1　理论知识鉴定考核要点

项　目		考核比重(%)
基本要求	职业道德	5
	基础知识	35
相关知识	动力系统装配与调试	10
	底盘(车架)系统装配与调试	15
	液压(气动)系统装配与调试	5
	电气系统装配与调试	10
	驾驶室、操纵室装配与调试	5
	工作装置装配与调试	15
	整机装配与调试	—
	技术改造与实验研究	—
	管理	—
	培训与指导	—
合　计		100

（2）操作技能鉴定考核要点（表 7-2）

表 7-2　操作技能鉴定考核要点

项　目		考核比重(%)
技能要求	动力系统装配与调试	15
	底盘(车架)系统装配与调试	30
	液压(气动)系统装配与调试	20
	电气系统装配与调试	10
	驾驶室、操纵室装配与调试	10
	工作装置装配与调试	15
	整机装配与调试	—
	技术改造与实验研究	—
	管理	—
	培训与指导	—
合　计		100

7.1.1　模拟试卷样例 1（初级工）

一、填空题（将正确的答案填入空格内，每题 1 分，共 20 分）

1. 挖掘机是用来开挖土壤的＿＿＿＿＿。

2. 挖掘、回转、卸载、返回称为挖掘机的一个＿＿＿＿＿＿。

3. 挖掘机的＿＿＿＿＿＿＿形式有履带式、轮胎式、汽车式、步行式、轨道式、拖式等。

4. 液压挖掘机的结构由＿＿＿＿＿、＿＿＿＿＿＿和＿＿＿＿＿＿三大部分组成。

5. 挖掘机的动力源是＿＿＿＿＿＿。

6. 电气控制系统包括＿＿＿＿＿、＿＿＿＿＿、＿＿＿＿＿、各类传感器、电磁阀等。

7. 整体式动臂又可分为＿＿＿＿＿和＿＿＿＿＿。

8. 液压挖掘机的回转装置由＿＿＿＿＿、＿＿＿＿＿和＿＿＿＿＿等组成。

9. 液压挖掘机的行走装置，按结构可分为＿＿＿和＿＿＿两大类，＿＿＿应用得较多。

10. 挖掘机标准的行走装置是＿＿＿＿＿在挖掘机的前部，＿＿＿＿＿在挖掘机的后部。

11. 液压缸是液压系统的＿＿＿＿＿元件，是将＿＿＿＿＿转换为＿＿＿＿＿的装置。

12. 液压控制阀是液压系统的＿＿＿＿＿元件，根据用途和工作特点不同，液压控制阀主要可分为＿＿＿＿、＿＿＿＿和＿＿＿＿三大类。

13. 发动机起动时，由＿＿＿向起动机和＿＿＿供电。

14. 常工作电压：DC12V 系统约＿＿＿＿、DC24V 约＿＿＿＿。

15. 起动开关分为三个档位，分别为＿＿＿、＿＿＿和＿＿＿。

16. 行走速度有两种模式，即＿＿＿行走和＿＿＿行走。

17. 装配支重轮螺栓时必须＿＿＿＿＿逐次拧紧。

18. 拧紧回转支承螺栓时，应在＿＿＿方向上对称连接进行，先＿＿＿一遍，最后＿＿＿一遍。

19. 水管连接较松时，缠＿＿＿＿＿。

20. 液压元件在＿＿＿、＿＿＿必须保证其清洁度。

二、单项选择题（将正确的答案的序号填入空格内，每题1分，共20分）

1. 挖掘机按作业过程进行分类，分为（　　）和连续作业式。

    A. 周期作业式　　　　B. 通用型挖掘机　　　C. 机械传动式

2. WYL12.5，表示整机质量为 12.5t 的（　　）挖掘机。

    A. 履带式液压　　　　B. 轮胎式液压　　　　C. 机械式液压

3. （　　）挖掘机使用最广泛。

    A. 正铲单斗液压　　　B. 反铲单斗液压　　　C. 斜铲单斗液压

4. （　　）用于降低排气产生的噪声。

    A. 化油器　　　　　　B. 消声器　　　　　　C. 散热器

5. 挖掘机适宜于挖（　　　）。

    A. 停机面以上的土　　B. 停机面以下的土　　C. 水面以上的土　　D. 深基坑

6. 反铲用的铲斗形状、尺寸与其（　　　）有很大关系。

    A. 大小　　　　　　　B. 配合　　　　　　　C. 作业对象

7. 回转机构工作时转台相对（　　）进行回转。

    A. 齿轮　　　　　　B. 底架　　　　　　C. 支承架

8. 支重轮多采用（　　）支承，并用浮动油封防尘。

    A. 滑动轴承　　　　B. 滚动轴承　　　　C. 推力轴承

9. 液压系统的执行元件是（　　）。

    A. 电动机　　　　　B. 液压泵　　　　　C. 液压缸　　　　　D. 液压阀

10. 电气件安装要求温度在（　　）范围内。

    A. −20~80℃　　　　B. −30~60℃　　　　C. −30~70℃

11. 硅整流交流发电机，内置（　　）。

    A. 镇流器　　　　　B. 电子调节器　　　　C. 交流器

12. 电子油门控制通过油门执行器实现（　　）油门调速。

    A. 变速器　　　　　B. 发动机　　　　　C. 散热器

13. 管路布置应整齐，并按现实情况安排（　　）。

    A. 摆放位置　　　　B. 扎带位置　　　　C. 一定空间

14. 装配回转支承时，支承面、各孔应清洗干净，在转台和车架的接合面上涂金属（　　）。

    A. 显示剂　　　　　B. 粘结剂　　　　　C. 研磨剂

15. 风扇后部外露部分为风扇宽度的（　　）。

    A. 1/3　　　　　　B. 1/4　　　　　　C. 1/5

16. 连接先导液压软管时，应保证连接（　　）及连接可靠。

    A. 规范　　　　　　B. 顺序　　　　　　C. 位置正确

17. 柴油箱最大容积为（　　）。

    A. 350L　　　　　　B. 360L　　　　　　C. 370L

18. 防尘圈唇口（　　）安装。

    A. 向左　　　　　　B. 向下　　　　　　C. 向外

19. 以下各阀中不属于方向控制阀的是（　　）。

    A. 液动换向阀　　　B. 液控单向阀　　　C. 液控顺序阀

20. 以下属于液压系统中的流量控制阀的是（　　）。

    A. 溢流阀　　　　　B. 调速阀　　　　　C. 减压阀　　　　　D. 顺序阀

三、是非题（是画√，非画×；画错倒扣分；每题1分，共20分）

1. 挖掘机是通过柴油机把柴油的化学能转化为机械能。　　　　　　　（　　）

2. 挖掘机可分为小型、中型、大型、超大型等各种级别。　　　　　　（　　）

3. 目前国产轮胎式液压挖掘机多采用全液压式。　　　　　　　　　　（　　）

4. 液压系统由液压泵、控制阀、液压缸、液压马达、管路、油箱等组成。

                                                     （　　）

5. 工作装置是直接完成挖掘任务的装置。　　　　　　　　　（　　　）

6. 动力系统包括发动机、散热器（液压油和发动机冷却水用）、空气过滤器、消声器。　　　　　　　　　　　　　　　　　　　　　　　　（　　　）

7. 发动机是液压挖掘机的动力源，大多采用柴油。在方便的场地，也可改用电动机。　　　　　　　　　　　　　　　　　　　　　　　　（　　　）

8. 铰链式反铲是单斗液压挖掘机最常用的结构形式。　　　　（　　　）

9. 单斗液压挖掘机的回转装置必须能把转台支承在机架上，回转轻便灵活，且能倾斜。　　　　　　　　　　　　　　　　　　　　　　　　（　　　）

10. 大型挖掘机的动臂多用双凸耳。　　　　　　　　　　　　（　　　）

11. 转向装置是改变机身行进方向的装置。　　　　　　　　　（　　　）

12. 行走踏板或行走控制杆的操作错误会导致严重伤害或死亡。（　　　）

13. 主回路在液压回路中用细实线表示。　　　　　　　　　　（　　　）

14. 铲斗液压回路主要由主回路、控制回路组成。　　　　　　（　　　）

15. 油液中混入空气，在先导阀前腔内形成困油而引发高频噪声。（　　　）

16. 液压泵内有空气，可能性 70%，危害极大。　　　　　　　（　　　）

17. 电源电路包括蓄电池、发电机、电源总开关、熔丝等，作用是向整机电气设备提供电能。　　　　　　　　　　　　　　　　　　　　　　（　　　）

18. 因压力传感器有报警装置，故传感器线与报警线不可接反。（　　　）

19. 油箱安装前应进行清洗，清洗后应无残渣及锈蚀。　　　　（　　　）

20. 液压元件不必封口存放。　　　　　　　　　　　　　　　（　　　）

四、简答题（每题 4 分，共 40 分）

1. 如何对挖掘机进行分类？

2. 液压挖掘机的工作缺点是什么？

3. 简述液压挖掘机动力系统工作原理。

4. 液压系统有何特点？

5. 高速方案和低速方案各有何特点？

6. 简述整体式动臂有哪些特点。

7. 更换铲斗的步骤是什么？

8. 脚动先导阀的特点是什么？

9. 履带式行走装置的组成部分有哪些？

10. 试述偏距的确定原则。

7.1.2　模拟试卷样例 2（初级工）

一、填空题（将正确的答案填入空格内；每题 1 分，共 20 分）

1. 挖掘机是用铲斗上的斗齿切削土壤并装入————。

2. ————表示整机质量为 25t 的履带式液压挖掘机。

3. 装配履带总成时，应使履带下平面链轨节大头朝向_____方向。

4. 液压挖掘机主要由_____、_____、_____、_____、_____和_____等部分组成。

5. _____是直接完成挖掘任务的装置。

6. 单斗液压挖掘机由动力装置、传动系统、回转装置、_____、_____等组成。

7. 反铲挖掘机开挖的基本方法有正向开挖法和_____。

8. 回转机构使_____与_____向左或向右回转，以便进行挖掘和卸料。

9. 回转机构工作时转台相对_____进行回转。

10. "_____"是指驱动轮、支重轮、托链轮、引导轮和履带。

11. 行走机构支承挖掘机的_____并完成行走任务，多采用履带式或轮胎式。

12. 液压挖掘机由发动机的_____转变为动臂、斗杆和铲斗的_____、_____和上部机体的回转运动，通过液压传动来实现这种能量转变和运动传递。

13. 作直线往复运动的液压机称为_____。

14. 动臂液压回路主要由_____、_____组成。

15. 控制油路中的_____是储存控制油路压力的一种装置。

16. 柱塞泵可分为_____和_____两类。

17. 挖掘机所有活动铰点均采用_____，故整个挖掘机不用_____。

18. 硅整流交流发电机，内置_____。

19. 照明系统包括：_____、_____、_____、_____。

20. 在灯光电路上，如果灯具搭铁不良，会造成_____或者_____。

二、单项选择题（将正确的答案的序号填入空格内；每题1分，共20分）

1. 挖掘机的型号由类、组、型、特性、主参数及（　　）组成。
　　A. 尺寸　　　　　　　B. 变形更新代号　　　C. 批号

2. 机械挖掘机采用（　　）和摩擦传动装置来传递动力。
　　A. 螺旋传动装置　　B. 啮合传动装置　　C. 液压传动装置

3. 液压挖掘机主要由（　　）、液压系统、工作装置、行走装置和电气控制等部分组成。
　　A. 化油器　　　　　B. 进气管道　　　　C. 发动机

4. （　　）是衡量挖掘机通过性能的指标。
　　A. 最大挖掘力　　　B. 最大行走牵引力　　C. 接地比压

5. 安装连杆销轴时，先把（　　）装入合适的槽中，再插入连杆销轴。
　　A. Y形　　　　　　　B. O形环　　　　　　C、X形

6. 动臂是反铲的主要部件，其机构有整体式和（　　）两种。

    A. 分离式　　　　　　B. 组合式　　　　　　C. 对开式

7. 转台支承处应有足够的（　　），以保证回转支承正常运转。

    A. 强度　　　　　　　B. 刚度　　　　　　　C. 韧性

8. （　　）是履带式行走装置的承重骨架。

    A. 底架　　　　　　　B. 支承轮　　　　　　C. 行走架

9. 液压马达是液压系统的（　　）。

    A. 动力部分　　　B. 执行部分　　　C. 控制部分　　D. 辅助部分

10. 行走马达液压回路主要由（　　）、控制回路组成。

    A. 主回路　　　　　　B. 压力回路　　　　　C. 流量回路

11. 主回路在液压回路中用（　　）表示。

    A. 点画线　　　　　　B. 粗实线　　　　　　C. 细实线

12. 轴向柱塞泵是通过改变（　　）成为变量泵的。

    A. 偏心距　　　　B. 偏心方向　　　C. 斜盘倾角　　D. 斜盘倾斜方向

13. 油液中混有空气或液压缸中空气未完全排尽，在高压作用下产生（　　）而引发较大噪声。

    A. 困油现象　　　　　B. 气穴现象　　　　　C. 爬行现象

14. 传感器的导线连接不得（　　）。

    A. 串联　　　　　　　B. 并联　　　　　　　C. 短路

15. 如果液压油温度达到（　　），监控仪表会提示报警。

    A. 80℃　　　　　　　B. 90℃　　　　　　　C. 100℃

16. 导向轮、驱动轮、回转体装配时螺栓按要求应在（　　）方向对称连续进行。

    A. 90°　　　　　　　B. 120°　　　　　　　C. 180°

17. 回转支承内、外圈软带区应置于转台的（　　）侧位置。

    A. 上（或下）　　　B. 左（或右）　　　C. 前（或后）

18. 空调储液器安装时，垂直方向的倾斜度不大于（　　）。

    A. 10°　　　　　　　B. 15°　　　　　　　C. 20°

19. （　　）要求布置合理、整齐。

    A. 操纵手柄　　　　　B. 液压管路　　　　　C. 连接件

20. 油箱最大容积为（　　）。

    A. 220L　　　　　　　B. 320L　　　　　　　C. 420L

三、是非题（是画√，非画×；画错倒扣分；每题1分，共20分）

1. 液压元件容易实现标准化、系统化、通用化、自动化，有利于提高产品质量和降低成本。　　　　　　　　　　　　　　　　　　　　　（　　）

2. 半液压传动挖掘机的行走机构采用机械传动，少数挖掘机仅工作装置采用液压传动，如大型矿用挖掘机等。目前国产轮胎式液压挖掘机多采用半液压式。 （　　）

3. 电气控制系统由监控盘、发动机控制系统、泵控制系统组成。 （　　）

4. 挖掘机的动力源是柴油发动机。 （　　）

5. 整体式动臂的优点是结构简单、质量小而强度高。 （　　）

6. 销轴的安装过程与拆卸的顺序相反。 （　　）

7. 反铲用的铲斗形状、尺寸与其作业对象没有关系。 （　　）

8. 液压加机械制动应用最为广泛，而纯液压制动则限于高速大转矩液压马达驱动的回转机构。 （　　）

9. 液压挖掘机的行走装置，按结构可分为履带式和轮胎式两大类。 （　　）

10. 支重轮多采用滑动轴承支承，并用浮动油封防尘。 （　　）

11. 控制或调节工作液体的流量和压力，变换液流通道以改变液体流动方向的液压元件，都称为液压控制阀。 （　　）

12. 工作液体是能量的承受和传递介质，即为能量的载体，也是液压传动系统中最本质的一个组成部分。 （　　）

13. 主回路由 PPC 回路、泵控制回路、安全回路和电控回路组成。 （　　）

14. 操纵杆的动作不能改变主控制阀阀芯的位置。 （　　）

15. 液压系统出现故障时可通过检查泄漏油路溢流阀，判定是否属于液压马达磨损引起的故障。 （　　）

16. 蓄电池能吸收电路中出现的过电压，可以断开蓄电池使用机器。 （　　）

17. 当发动机低速运转时，如果操纵手柄动作（压力开关动作），控制器驱动油门电动机使发动机转速增加到自动怠速转速。 （　　）

18. 履带安装应保证履带两边张紧程度一致。 （　　）

19. 装配后回转支承只要外齿圈能灵活转动，无异响。 （　　）

20. 油箱盖需涂密封胶，紧固螺栓连接不需涂螺纹紧固胶。 （　　）

四、简答题（每题 4 分，共 40 分）

1. 液压挖掘机的工作优点是什么？

2. 什么是最大挖掘力？

3. 简述组合式动臂有哪些优点和缺点。

4. 转台布置原则是什么？

5. 单斗挖掘机的主要技术参数有哪些？

6. 试述履带式行走装置的特点有哪些？

7. 液压油应具备的条件有哪些？

8. 低速加速生效条件和取消条件有哪些？

9. 电气设备故障排除的方法有哪些?

10. 对铲斗基本要求有哪些?

7.1.3 技能要求试题（初级工）

一、技能试题1

（1）设备准备（表7-3）

表7-3 设备准备明细表

序号	名称	规格	数量
1	行车	2t	1
2	主泵工装		1

（2）零部件准备（表7-4）

表7-4 零部件准备明细表

序号	名称	数量	装配要求
1	主泵	1	自检
2	接头Ⅰ	2	32 扭力扳手,116N·m
3	接头Ⅱ	2	安装面清洁、无划痕等
4	接头Ⅲ	2	装上即可
5	接头Ⅳ	1	19 扭力扳手,38N·m
6	接头Ⅴ	1	67N·m
7	接头Ⅵ	6	19 扭力扳手,27N·m
8	三通接头	2	38N·m
9	测压接头	4	19 扭力扳手,38N·m
10	过滤器	1	
11	接头Ⅶ	1	19 扭力扳手,38N·m
12	接头体	1	22 扭力扳手,41N·m
13	软管总成	1	19 扭力扳手,38N·m
14	联轴器	1	14 套筒扳手
15	螺栓 M10×30	9	16 套筒扳手
16	平垫圈 ϕ10	9	

（3）工、量具准备（表7-5）

表7-5 工、量具准备明细表

序号	名称	规格	数量
1	扭力扳手	19～46	各1
2	成套套筒扳手	8～32	各1
3	一字槽螺钉旋具	10″	1
4	斜口钳	6″	1
5	扳手长接杆		1

（4）考核内容

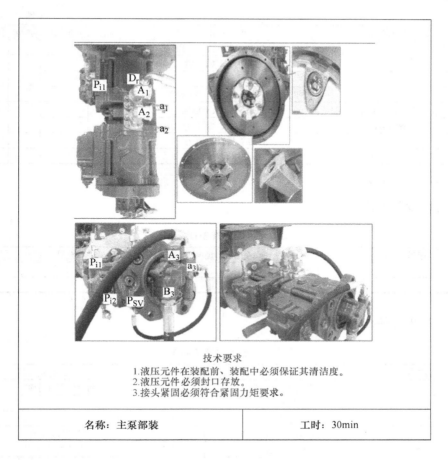

技术要求
1.液压元件在装配前、装配中必须保证其清洁度。
2.液压元件必须封口存放。
3.接头紧固必须符合紧固力矩要求。

名称：主泵部装	工时：30min

（5）主泵部装评分标准（表 7-6）

表 7-6 主泵部装评分表

序号	考核项目	评分标准	配分	考核结果	扣分	得分
1	来料确认	物料正确、无损伤，油口有防护	2			
2	胶管、接头确认	正确、清洁、有防护	2			
3	主泵油口清洁	油口清洁后拆除防护封口	5			
4	安装接头	接头螺纹孔检查、内壁检查确认	2			
5		接头紧固符合力矩要求	5			
6	安装软管	胶管接头检查确认	2			
7		GEO10 接头使用呆扳手固定，再做胶管紧固	5			
8		胶管紧固符合力矩要求	10			
9	紧固标识	紧固一个，标识一个	5			
10	安装面清洁	无油污、灰尘等杂物	5			
11	主泵吊装安全、平稳	不得与其他物品发生磕碰	5			
12	螺纹孔清洁	无油污、灰尘等杂物	5			

（续）

序号	考核项目	评分标准	配分	考核结果	扣分	得分
13	螺栓紧固	螺栓用手拧入2~3扣	2			
14		气动扳手1档预紧	5			
15		对角紧固	5			
16		扭力扳手紧固力矩为68~81N·m	10			
17	涂胶符合作业规范要求	均匀、适量涂抹于螺栓上	5			
18	清洁装配	确保装配后无油污、杂物	5			
19	工具清理	清洁工具摆放整齐	5			
20	安全文明生产	违者每次扣2分	10			

二、技能试题2

（1）设备准备（表7-7）

表7-7　设备准备明细表

序号	名称	规格	数量
1	行车	2t	1
2	发动机工装		1

（2）零部件准备（表7-8）

表7-8　零部件准备明细表

序号	名称	数量	装配要求
1	进气钢管总成	1	钢管内部无杂物
2	支架Ⅰ	1	
3	支架Ⅱ	1	
4	螺栓 M10×1.25×20	1	螺栓紧固规范
5	平垫圈 $\phi10$	1	安装面清洁
6	螺栓 M8×20	4	螺栓紧固规范
7	平垫圈 $\phi8$	4	
8	螺母 M8	4	
9	T型卡箍Ⅰ	1	卡箍紧固规范
10	T型卡箍Ⅱ	1	卡箍紧固规范
11	弯头（带密封圈）	2	密封圈装配规范
12	软管 F421HTCACA222212-1400	2	管接头紧固规范及角度正确
13	柴油管总成 $EL=2200mm$	1	检查清洁度
14	柴油管总成 $DL=2800mm$	1	检查清洁度
15	接头Ⅰ	1	涂胶规范、装配角度正确
16	接头Ⅱ	1	涂胶规范、装配角度正确
17	下水管	1	装配角度正确
18	软管卡箍 $\phi51~\phi76$	1	卡箍紧固规范

（3）工、量具准备（表7-9）

表7-9 工、量具准备明细表

序号	名称	规格	数量
1	扭力扳手	19~46	各1
2	套筒扳手	8~32	各1
3	一字槽螺钉旋具	10″	1
4	斜口钳	6″	1

（4）考核内容

技术要求

1. 液压元件在装配前、装配中必须保证其清洁度。
2. 液压元件必须封口存放。
3. 接头紧固必须符合紧固力矩要求。

名称：发动机部装	工时：30min

（5）发动机部装评分标准（表7-10）

表7-10 发动机部装评分表

序号	要求	评分标准	配分	检测结果	扣分	得分
1	来料确认	物料正确、无损伤,油口有防护	2			
2	胶管、接头确认	正确、清洁、有防护	2			
3	安装接头	接头螺纹孔检查、内壁检查确认	3			
4		接头紧固符合力矩要求	5			

（续）

序号	要求	评分标准	配分	检测结果	扣分	得分
5	安装软管	胶管接头检查确认	3			
6		GEO10 接头使用呆扳手固定，再做胶管紧固	5			
7		胶管紧固符合力矩要求	10			
8	紧固标识	紧固一个，标识一个	5			
9	安装面清洁	无油污、灰尘等杂物	5			
10	螺纹孔清洁	无油污、灰尘等杂物	5			
11	螺栓紧固	螺栓用手拧入 2～3 扣	5			
12		气动扳手 1 档预紧	5			
13		对角紧固	5			
14		扭力扳手紧固力矩为 68～81N·m	10			
15	涂胶符合作业规范要求	均匀、适量涂抹于螺栓上	5			
16	柴油管安装	不得有弯折现象	5			
17	清洁装配	确保装配后无油污、杂物	5			
18	工具清理	清洁工具、摆放整齐	5			
19	安全文明生产	违者每次扣 2 分	10			

◈◈◈ 7.2 挖掘机装配与调试工（中级）模拟试卷样例

在参加挖掘机装配与调试工职业技能鉴定考试前，应该做好哪些准备工作呢？本教材依据技能鉴定考核要求从"技能鉴定考核试题形式""试卷的组成及考核注意事项"和"考核内容"三个方面进行分析和指导，可以对国家职业技能鉴定的考核内容、结构和鉴定要求了如指掌，从而做好各方面的准备。

1. 技能鉴定考核试题形式

分为理论知识考试和技能操作考核。理论知识考试采用闭卷笔试等方式，技能操作考核采用现场实际操作、模拟操作或口试等方式。

2. 试卷的组成及考核注意事项

（1）试卷组成 一套完整的技能试卷包括"准备通知单""试题正文"和"评分记录表"。

（2）考核注意事项

1）评分记录表中包括扣分、得分、备注以及考评员签字，该部分由考评员填写，考生不得填写。

2）理论知识考试和技能操作考核均实行百分制，成绩皆达 60 分及以上者为合格。

3）所有操作技能考核项目的鉴定内容必须在规定时间内完成，不得超时。特殊情况下，须与考评员商定后酌情处理。试卷中各项技能考核时间均不包括准备时间。

4)试卷中准考证号、考生单位及姓名由考生填写,得分情况由考评员填写。考生在拿到试卷后应首先检查试卷是否和自己所报考的工种、级别相一致。

3. 考核内容

(1)理论知识鉴定考核要点(表 7-11)

表 7-11　理论知识鉴定考核要点

项　　目		考核比重(%)
基本要求	职业道德	5
	基础知识	30
相关知识	动力系统装配与调试	10
	底盘(车架)系统装配与调试	15
	液压(气动)系统装配与调试	10
	电气系统装配与调试	10
	驾驶室、操纵室装配与调试	5
	工作装置装配与调试	15
	整机装配与调试	—
	技术改造与实验研究	—
	管理	—
	培训与指导	—
合　　计		100

(2)操作技能鉴定考核要点(表 7-12)

表 7-12　操作技能鉴定考核要点

项　　目		考核比重(%)
技能要求	动力系统装配与调试	15
	底盘(车架)系统装配与调试	20
	液压(气动)系统装配与调试	20
	电气系统装配与调试	15
	驾驶室、操纵室装配与调试	5
	工作装置装配与调试	25
	整机装配与调试	—
	技术改造与实验研究	—
	管理	—
	培训与指导	—
合　　计		100

7.2.1　模拟试卷样例 1(中级工)

一、填空题(将正确的答案填入空格内;每题 1 分,共 20 分)

1. 液压挖掘机按主要机构是否全部采用液压传动又分为————与————两种。

2. 液压传动系统通过————将发动机的动力传递给液压马达、液压缸等执行元件,推动工作装置动作,从而完成各种作业。

3. 挖掘机的铲斗主要靠斗齿和侧齿来完成_____任务。

4. 液压挖掘机回转机构,按液动机的机构形式分为_____和_____两类。

5. 按行走装置分为_____、_____和_____。

6. 根据两个回路的变量有无关联,变量系统分为_____和_____两种。

7. 控制回路由_____、_____、_____和_____。

8. 回转马达两腔油路上设置的缓冲阀在回转制动和换向时起_____、_____作用。

9. 蓄电池电压正常应_____,充电时宜采用恒压限流充电,电压为_____。

10. 根据不同工况选择相应的功率模式,保证_____、_____。

11. 装配履带总成时,应使履带下平面链轨节大头朝向_____方向。

12. 上下车连接、回转马达装配后,大小齿轮抹_____,回转支承加极压_____,直至退出。

13. 风扇与导风罩的周边距离保持_____,并_____均匀。

14. 左右操纵手柄、推土铲手柄安装好后均需用_____、_____防护。

15. 自润滑轴承安装时不允许_____,应用_____装入。

16. 在平整路面直线行驶_____,跑偏量不得大于_____。

17. 检查履带的下垂量时,先把上车回转_____,然后降下铲斗把履带提离地面。

18. 机罩平整,各部接合处缝隙应_____,不得有明显_____,油漆表面不得有_____现象。

19. 油箱内部用_____清理干净。

20. 按规定添加和更换合适牌号的机油;机油量不能_____和_____。

二、单项选择题(将正确的答案的序号填入空格内;每题 1 分,共 20 分)

1. 动臂起落、斗杆伸缩和铲斗转动都用( )控制。

    A. 直线式双作用液压缸

    B. 往复式双作用液压缸

    C. 往复式单作用液压缸

2. 整体式动臂又可分为直动臂和( )。

    A. 斜动臂   B. 弯动臂   C. 摆动臂

3. ( )大转矩液压马达的制动性能较好,不需要另外的制动器。

A. 中速　　　　　　　　　B. 高速　　　　　　　　C. 低速

4. (　　)由"四轮一带"、张紧装置和缓冲弹簧、行走机构、行走架等组成。

　　A. 轮胎式行走装置　　B. 履带式行走装置　　C. 轨道式行走装置

5. 作连续旋转运动的液动机称为(　　)。

　　A. 液压阀　　　　　　　B. 液压泵　　　　　　C. 液压缸

6. 高压油经主泵输出后经主(　　)到达行走马达,使行走马达产生运动。

　　A. 减压阀　　　　　　　B. 控制阀　　　　　　C. 节流阀

7. (　　)的作用是感知驾驶员操纵杆行程大小,给液压泵相应信号以调节流量。

　　A. PPC 阀　　　　　　　B. PC 阀　　　　　　C. LS 阀

8. 由于每台变量泵各由二分之一的发动机功率驱动来调节变量,故称为(　　)。

　　A. 分功率变量系统　　B. 全功率变量系统　　C. 半功率变量系统

9. 20h 放电率额定(　　),按国家标准以 20h 放电率的容量作为起动型蓄电池的额定容量。

　　A. C20　　　　　　　　　B. A20　　　　　　　　C. B20

10. 发动机转速在 1000r/min 的情况下,确认显示器端子(MON.2)为(　　)。

　　A. 1. 3V　　　　　　　　B. 1. 5V　　　　　　　C. 1. 8V

11. 托链轮、驱动链轮与驱动马达的 M16 螺栓的拧紧力矩为(　　)。

　　A. 300N·m　　　　　　B. 310N·m　　　　　　C. 320N·m

12. 吊装到位后,用塞尺检测贴合面的平面度,周围应贴合均匀,最大间隙不大于(　　)。

　　A. 0. 17mm　　　　　　B. 0. 18mm　　　　　　C. 0. 19mm

13. 软管外套波纹管,排齐后用扎带就近固定,间距不大于(　　)。

　　A. 500mm　　　　　　B. 600mm　　　　　　C. 700mm

14. 铲斗连续动作(　　),检查有无异常现象。

　　A. 20 次　　　　　　　B. 25 次　　　　　　C. 30 次

15. 液压系统应排放液压油箱内的空气以释放(　　)。

　　A. 内压　　　　　　　　B. 外压　　　　　　　C. 内外压

16. 低压压力偏低及高低压表(　　)的原因是制冷剂不足。

　　A. 均低于正常值　　B. 均高于正常值　　C. 均等于正常值

17. 简易诊断法又称为(　　)。

　　A. 主观诊断法　　　　B. 客观诊断法　　　　C. 微观诊断法

18. 调整发动机点火正时角度到正确位置,点火正时角度不能过于(　　)。

　　A. 提前　　　　　　　　B. 滞后　　　　　　　C. 一致

19. 调整好发动机的喷油正时角度,防止喷油正时过迟而使发动机( )。

    A. 过冷   B. 过热   C. 正常

20. ( )应封口放置。

    A. 液压元件   B. 油箱   C. 机罩

三、是非题(是画√;非画×;画错倒扣分;每题1分,共20分)

1. 单斗液压挖掘机的传动系统将柴油机的输出动力通过液压系统传递给工作装置、回转装置和行走机构等。 ( )

2. 动臂起落、斗杆伸缩和铲斗转动都用往复式单作用液压缸控制。 ( )

3. 铲斗与液压缸连接的结构形式有四连杆机构和六连杆机构。 ( )

4. 转台的主要承载部分是由钢板焊接成的抗扭、抗弯刚度很大的箱形框架结构纵梁。 ( )

5. 液压油的特性:黏度越大,流动阻力越大,效率越低;黏度越小,泄漏越大,容积损失越大。 ( )

6. 在液压挖掘机采用的定量系统中,其流量不变,即流量随负载而变化,通常依靠节流来调节速度。 ( )

7. PC – EPC电磁阀的作用是感知发动机实际转速,给予相应信号调节液压泵流量。 ( )

8. 发动机机油回流需符合加注要求。 ( )

9. 发电机的搭铁极性必须与蓄电池的搭铁极性相反。 ( )

10. 当燃油量不足5%时,监控仪表会提示报警。 ( )

11. 各胶管应排放整齐,不应有扭曲现象,且应捆扎可靠。 ( )

12. 橡胶护套安装后不可摆动。 ( )

13. 如果发现内啮合齿轮所用的润滑脂中有水或泥,则应立即更换润滑脂。 ( )

14. 散热器海棉条待总成装配后,再用胶固定。 ( )

15. 液压油的黏度随温度变化,温度越高,油液的黏度越大;反之,温度越低,油液的黏度越小。 ( )

16. 清理下车架,确保各孔干净、无污物。 ( )

17. 螺栓安装前不需涂螺纹密封胶。 ( )

18. 行走速度开关处于高速时,高低速电磁阀接通,改变行走马达斜盘角,可使行走速度加快。 ( )

19. 零部件外观良好,无明显缺陷。 ( )

20. 油箱安装前应进行清洗,清洗后无残渣及锈蚀。 ( )

四、简答题(每题 4 分,共 40 分)

1. 简述自动暖机的生效条件和取消条件?

2. 挖掘机 GPS 包括哪些内容?

3. 简述熄火定时器的工作原理。

4. 双泵双回路全功率调节变量系统的特点是什么?

5. 简述动臂液压回路的原理。

6. 简述液压工作油的功能。

7. 试述履带松紧度调整适当的检查方法。

8. 简述转速传感器的安装注意事项。

9. 液压缸的噪声有哪些?

10. PC-EPC 电磁阀有什么作用?

7.2.2 模拟试卷样例 2(中级工)

一、填空题(将正确的答案填入空格内;每题 1 分,共 20 分)

1. 吊环螺钉安装孔平时安装————。

2. ————是反铲的主要部件。

3. 铲斗与液压缸连接的结构形式有————和————。

4. 液压挖掘机转台布置的原则是————,尽量做到质量均衡,较重的总成、部件靠近转台尾部。

5. ————可分为螺杆调整式张紧装置和液压调整式张紧装置两种。

6. 按液压泵特性,液压挖掘机采用的液压系统大致上有————、————、————三种类型。

7. 高压油经主泵输出后经————到达动臂液压缸,使动臂产生运动。

8. 双泵双回路定量系统在液压挖掘机中使用较多,它可以使发动机功率分别用于——动作,既能很好地相互————,又可以各自————运动。

9. 温控开关:顺时针——————,逆时针——————。

10. 控制器在整个监控系统中主要负责————、————、————等。

11. 支重轮、夹轨器的装配件有————、————、————。

12. 上下车连接、回转马达装配时的最小啮合侧隙为————mm,最大啮合侧隙为————mm。

13. 空调压缩机张紧皮带松紧度为:向皮带切边中点施加————的垂直载荷,皮带挠度为————。

14. 橡胶护套安装后不可————。

15. 连接先导液压软管,保证连接位置————及连接————。

16. 工作装置各配合处应洁净无污物,————畅通,————密封防护。

17. 调整动臂液压缸至适当位置,铲斗斗齿离地_____,操作手柄,反复进行____和_____。

18. 履带下垂量规定值为_____。

19. 各胶管应排放整齐,不应有_____现象,且应_____牢靠。

20. 蓄电池使用日久,可能有一个损坏,使_____增大,故应定期维修蓄电池和对蓄电池正确充电。

二、单项选择题(将正确的答案的序号填入空格内;每题1分,共20分)

1. 柴油机可燃混合气形成装置是( )。

    A. 燃烧室　　　　　　B. 化油器　　　　　　C. 工作容积

2. ( )通过斗杆销轴和连杆销轴与斗杆和连杆相连。

    A. 铲斗　　　　　　　B. 曲柄　　　　　　　C、动臂

3. 液压加机械制动应用最为广泛,而纯液压制动则限于( )的回转机构。

    A. 低速大转矩液压马达驱动

    B. 高速大转矩液压马达驱动

    C. 中速大转矩液压马达驱动

4. 下垂度可用直尺搁在托轮和驱动轮上测得,通常应不超过( )。

    A. 2cm　　　　　　　B. 4cm　　　　　　　C. 6cm

5. 将液压泵所提供的工作液体的液压能,转变为机械能的机械装置,称为( )。

    A. 液压动力元件　　　B. 液压辅助元件　　　C. 液压执行元件

6. 液压系统的主回路中装有( )的回油背压阀。

    A. 0.6～1.0MPa　　　B. 0.7～1.0MPa　　　C. 0.8～1.0MPa

7. 起动马达正常起动时间不能超过15s,空载不能超过( )。

    A. 10s　　　　　　　B. 30s　　　　　　　C. 20s

8. 当发动机冷却水温( )时,电子监控器通过CAN通信发送取消命令给ESS控制器,过热保护功能取消。

    A. $T \leqslant 100℃$　　　B. $T \leqslant 120℃$　　　C. $T \leqslant 200℃$

9. 履带张紧程度为:履带下垂( )。

    A. 20～30mm　　　　B. 10～20mm　　　　C. 30～40mm

10. 检查齿侧间隙时接触斑点高度应不小于( )。

    A. 30%　　　　　　　B. 40%　　　　　　　C. 50%

11. 软管管路布置应整齐,软管安装不允许( )变形。

    A. 径向旋转　　　　　B. 轴向旋转　　　　　C. 水平旋转

12. 散热器水温( )时,记录水温。

A. ≤105℃　　　　　　B. = 105℃　　　　　　C. ≥105℃

13. 检查(　　)的油位时,先将铲斗降到地面,关掉自动怠速开关。

　　A. 发动机装置　　　B. 回转减速装置　　　C. 行走减速装置

14. 应用(　　)在液压元件壳体外和管壁外进行探测,以测量其内部的流量值。

　　A. 探查技术　　　　B. 计算分析技术　　　C. 超声波技术

15. 适当选用(　　)对减轻发动机磨损和延长发动机使用寿命大有益处。

　　A. 机油　　　　　　B. 添加剂　　　　　　C. 机油添加剂

16. 液压系统采用定量泵,效率较低,发热量大,为了防止液压系统过大的温升,在回油路中设置强制风冷式散热器,将油温控制在(　　)以下。

　　A. 60℃　　　　　　B. 70℃　　　　　　C. 80℃

17. 液压泵的作用是将电动机的(　　)转变为油液的(　　)。

　　A. 电能　　　　　　B. 液压能　　　　　C. 机械能　　　D. 压力能

18. 以下不属于液压系统中的压力控制阀的是(　　)。

　　A. 节流阀　　　　　B. 溢流阀　　　　　C. 减压阀　　　D. 顺序阀

19. 指示灯 C 灯亮成红色,说明(　　)。

　　A. 主机关闭　　　　B. 主机供电正常　　　C. 主机供电异常

20. 指示灯 B 灯亮成红色,灯的状态为红色闪烁(3s 亮一次),说明(　　)。

　　A. 休眠状态　　　　B. 未定位　　　　　C. 定位

三、是非题(是画√,非画×;画错倒扣分;每题 1 分,共 20 分)

1. 小型液压挖掘机如悬架等工作装置仅能作 120°左右的回转,则为半回转式。　　　　　　　　　　　　　　　　　　　　　　　　　　　　(　　)

2. 安装连杆销轴时,先把 Y 形环装入合适的槽中,再插入连杆销轴。(　　)

3. 驱动轮通常位于挖掘机行走装置的后部,使履带的张紧段较短,以减小其磨损和减少功率消耗。　　　　　　　　　　　　　　　　　　　　　(　　)

4. 调节机构有机构联动式和液压联动式两种形式。　　　　　　　　(　　)

5. PLS 压力反馈到主泵的 LS 阀,进而根据操纵杆的移动量通过 LS 阀改变主泵的排量。　　　　　　　　　　　　　　　　　　　　　　　　　　(　　)

6. 背压阀之前引出一条预热回路对行走马达进行预热,以防"热冲击"而咬伤柱塞泵的配油盘和转子。　　　　　　　　　　　　　　　　　　　　(　　)

7. 温度传感器一般是靠本身搭铁,安装时应用生料带或密封胶。　　(　　)

8. 轮胎式行走装置在液压挖掘机上使用较为普遍。　　　　　　　　(　　)

9. 液压系统由液压泵、控制阀、液压缸、液压马达、管路、油箱等组成。(　　)

10. 检查齿侧间隙时,接触斑点的分布应趋近于齿面下部,齿顶和齿端部棱边

处不允许接触。　　　　　　　　　　　　　　　　　　　　　　　　　（　　）

11. 润滑系统安装时,各润滑点最近的螺母先预紧,待润滑脂被挤到此后再旋紧。　　　　　　　　　　　　　　　　　　　　　　　　　　　　（　　）

12. 发动机进、出水管,柴油管和发动机进、排气管的连接应可靠,且无干涉现象。　　　　　　　　　　　　　　　　　　　　　　　　　　　　（　　）

13. 根据油液使用期间的气温情况,正确选用油液。　　　　　　　　（　　）

14. 液压挖掘机回转机构,按液动机的机构形式分为高速方案和低速方案两类。　　　　　　　　　　　　　　　　　　　　　　　　　　　　　（　　）

15. 液压泵产生困油现象的充分必要条件是:存在封闭容积且容积大小发生变化。　　　　　　　　　　　　　　　　　　　　　　　　　　　　　（　　）

16. 中心回转体、驱动马达只在装配前必须封好油口,保证其清洁度。（　　）

17. 放油管用线束固定在回转马达进油管上,并使外端口朝上。　　（　　）

18. 连接空调管路不必确认蒸发器、压缩机、冷凝器、储液器的连接顺序。　　　　　　　　　　　　　　　　　　　　　　　　　　　　　　（　　）

19. 液压元件油口必须封口存放。　　　　　　　　　　　　　　　　（　　）

20. 安装液压油箱、柴油箱,螺栓装配时不涂螺纹紧固胶。　　　　　（　　）

四、简答题(每题 4 分,共 40 分)

1. 简述自动怠速生效条件和取消条件。

2. 什么是过热保护?

3. 搭铁不良会易引起哪些故障现象?

4. 双泵单回路定量系统与单泵单回路定量系统相比有何优点?

5. 简述回转马达液压回路的原理。

6. 液压系统应满足哪些要求?

7. 简述履带式行走装置的传动方式。

8. 简述齿侧间隙的检查方法。

9. 电气元件有哪些安装要求?

10. 手动先导阀有什么特点?

7.2.3　技能要求试题(中级工)

一、技能试题 1

(1)设备准备(表 7-13)

表 7-13　设备准备明细表

序号	名称	规格	数量
1	行车	2t	1
2	液压油箱工装		1

（2）零部件准备（表7-14）

表7-14　零部件准备明细表

序号	名称	数量	装配要求
1	油箱体	1	装配前检查油箱清洁度
2	空气过滤器	1	内部O形密封圈涂清洁润滑剂
3	螺栓M12×25	6	18 快速旋具
4	平垫圈 φ12	6	
5	螺栓M10×25	6	16 快速旋具
6	平垫圈 φ10	6	
7	O形密封圈175×3.55	1	涂抹清洁润滑脂
8	法兰盖	1	螺栓紧固顺序及安装方向
9	回油过滤器	1	检查过滤器清洁度
10	发信器	1	24 扭力扳手,43N·m
11	堵头	1	41 扭力扳手,135N·m
12	发信器	1	22 呆扳手,紧固后需进行包扎
13	平垫圈 φ14	1	
14	螺塞M14×1.5	1	17 呆扳手
15	平垫圈 φ27	1	
16	螺塞M27×2	1	27 呆扳手
17	液压油温开关	1	
18	组合垫圈 φ14	1	
19	吸油过滤器	1	
20	液位液温计	1	17 呆扳手,注意安装方向
21	接头Ⅰ	5	19 扭力扳手,33N·m
22	接头Ⅱ	1	装上即可
23	接头Ⅲ	1	24 扭力扳手,43N·m
24	接头Ⅳ	1	不紧固
25	接头Ⅴ	1	不紧固
26	接头Ⅵ	1	
27	接头Ⅶ	1	24 扭力扳手,43N·m
28	平垫圈 φ22	1	
29	螺塞M22×1.5	1	22/24 呆扳手

（3）工、量具准备（表7-15）

表7-15　工、量具准备明细表

序号	名称	规格	数量
1	扭力扳手	8~32	各1
2	套筒扳手	8~32	各1
3	一字槽螺钉旋具	10″	1
4	斜口钳		1
5	扳手加长杆		1

（4）考核内容

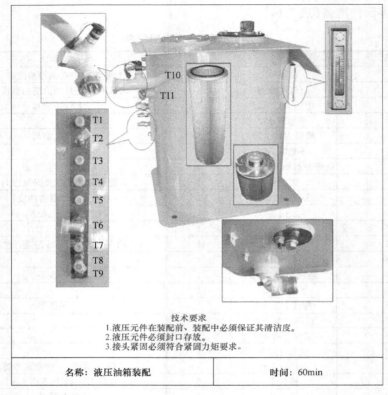

技术要求

1. 液压元件在装配前、装配中必须保证其清洁度。
2. 液压元件必须封口存放。
3. 接头紧固必须符合紧固力矩要求。

名称：液压油箱装配	时间：60min

（5）液压油箱装配评分标准（表7-16）

表7-16 液压油箱装配评分表

序号	要求	评分标准	配分	检测结果	扣分	得分
1	来料确认	物料正确、无损伤，油口有防护	2			
2	接头确认	正确、清洁、有防护	3			
3	油箱接头口	油口清洁后拆除防护封口	5			
4	安装接头	接头螺纹孔检查、内壁检查确认	5			
5		接头紧固符合力矩要求	10			
6	螺纹孔清洁	无油污、灰尘等杂物	5			
7	油箱口清洁	无油污、灰尘、锈渍等杂物	10			
8	油箱清洁	无油污、灰尘、锈渍等杂物	15			
9	螺栓紧固	螺栓用手拧入2～3扣	5			
10		气动扳手、棘轮扳手紧固	5			
11		对角紧固	5			
12		螺栓涂胶规范	5			
13	紧固标识	紧固一个，标识一个	5			
14	清装配洁	确保装配后无油污、杂物	5			
15	工具清理	清洁工具、摆放整齐	5			
16	安全文明生产	违者每次扣2分	10			

二、技能试题 2

（1）设备准备（表 7-17）

表 7-17 设备准备明细表

序号	名称	规格	数量
1	行车	2t	1
2	工装		1

（2）零部件准备（表 7-18）

表 7-18 零部件准备明细表

序号	名称	数量	装配要求
1	先导阀	1	
2	接头 I	6	19 扭力扳手，33N·m
3	接头 II	4	19 扭力扳手，33N·m
4	接头 III	1	19 扭力扳手，33N·m
5	接头体	1	22 扭力扳手，41N·m
6	过滤器	1	一字槽螺钉旋具
7	操纵杆	2	丝锥、铰杠
8	螺母 M10	2	16 快速旋具
9	手柄	2	
10	螺栓 M10×30	4	16 快速旋具
11	平垫圈 φ10	4	
12	脚踏板支架	2	
13	胶垫	2	
14	垫板	2	
15	螺栓 M10×25	4	16 快速旋具
16	平垫圈 φ10	4	
17	螺母 M10	4	16 快速旋具
18	底板	1	
19	螺栓 M10×30	8	
20	平垫圈 φ10	8	
21	橡胶圈 I	1	
22	橡胶圈 II	1	
23	护套	1	19 扭力扳手，33N·m
24	软管总成 I	1	19 扭力扳手，33N·m
25	软管总成 II	1	19 扭力扳手，33N·m

（3）工、量具准备（表 7-19）

表 7-19 工、量具准备明细表

序号	名称	规格	数量
1	丝锥、铰杠	M10	各 1
2	扭力扳手	8~32	各 1
3	一字槽螺钉旋具	10″	1
4	斜口钳	6″	1
5	快速旋具		1

（4）考核内容

技术要求
1.液压元件在装配前、装配中必须保证其清洁度。
2.液压元件必须封口存放。
3.接头紧固必须符合紧固力矩要求。

名称：操纵底板装配	时间：60min

（5）操纵底板装配评分标准（表7-20）

表7-20　操纵底板装配装配评分表

序号	要求	评分标准	配分	检测结果	扣分	得分
1	来料确认	物料正确、无损伤，油口有防护	2			
2	接头清洁度	无油污、灰尘等杂物	3			
3		胶管标号是否有错误	5			
4		胶管接头检查确认	5			
5	连接先导管	接头使用开口扳手固定，再做胶管紧固	5			
6		胶管紧固符合力矩要求	10			
7		胶管紧固后是否扭曲	10			
8	紧固标识	紧固一个,标识一个	5			
9		检查螺纹孔是否完好	5			
10	螺栓紧固	螺栓用手拧入2~3扣	5			
11		手柄紧固无松动	10			
12	清洁装配	确保装配后无油污、杂物	5			
13		油口有防护	5			
14	装配正确性	无错装、漏装	10			
15	工具清理	清洁工具摆放整齐	5			
16	安全文明生产	违者每次扣2分	10			

◇◇◇◇ 7.3　挖掘机装配与调试工(高级)模拟试卷样例

在参加挖掘机装配与调试工职业技能鉴定考试前,应该做好哪些准备工作呢?本教材依据技能鉴定考核要求从"技能鉴定考核试题形式""试卷的组成及考核注意事项"和"考核内容"三个方面进行分析和指导,可以对国家职业技能鉴定的考核内容、结构和鉴定要求了如指掌,从而做好各方面的准备。

1. 技能鉴定考核试题形式

分为理论知识考试和技能操作考核。理论知识考试采用闭卷笔试等方式,技能操作考核采用现场实际操作、模拟操作或口试等方式。

2. 试卷的组成及考核注意事项

(1)试卷组成　一套完整的技能试卷包括"准备通知单""试题正文"和"评分记录表"。

(2)考核注意事项

1)评分记录表中包括扣分、得分、备注以及考评员签字,该部分由考评员填写,考生不得填写。

2)理论知识考试和技能操作考核均实行百分制,成绩皆达 60 分及以上者为合格。

3)所有操作技能考核项目的鉴定内容必须在规定时间内完成,不得超时。特殊情况下,须与考评员商定后酌情处理。试卷中各项技能考核时间均不包括准备时间。

4)试卷中准考证号、考生单位及姓名由考生填写,得分情况由考评员填写。考生在拿到试卷后应首先检查试卷是否和自己所报考的工种、级别相一致。

3. 考核内容

(1)理论知识鉴定考核要点(表 7-21)

表 7-21　理论知识鉴定考核要点

项　　目		考核比重(%)
基本要求	职业道德	5
	基础知识	25
相关知识	动力系统装配与调试	10
	底盘(车架)系统装配与调试	20
	液压(气动)系统装配与调试	10
	电气系统装配与调试	10
	驾驶室、操纵室装配与调试	5
	工作装置装配与调试	15
	整机装配与调试	—
	技术改造与实验研究	—
	管理	—
	培训与指导	—
合　　计		100

（2）操作技能鉴定考核要点（表7-22）

表7-22 操作技能鉴定考核要点

项	目	考核比重(%)
技能要求	动力系统装配与调试	15
	底盘(车架)系统装配与调试	30
	液压(气动)系统装配与调试	10
	电气系统装配与调试	20
	驾驶室、操纵室装配与调试	5
	工作装置装配与调试	20
	整机装配与调试	—
	技术改造与实验研究	—
	管理	—
	培训与指导	—
合 计		100

7.3.1 模拟试卷样例1（高级工）

一、填空题（将正确的答案填入空格内；每题1分,共20分）

1. _____是一种比例压力控制阀,安装在驾驶室各操纵手柄下面。

2. 柱塞泵是利用_____在_____内作往复运动,使_____而实现吸油和压油的。

3. 实现自动怠速功能时,所有的操作手柄都在_____位,降低发动机_____,以减小_____和_____。

4. 用以固定支重轮的 M18 螺栓的拧紧力矩为_____。

5. 动臂举起,反复实施_____回转,左回转动作____次,右回转动作____次。

6. 铲斗斗齿支承地面,分别支起挖掘机两边的行走机构,检测履带_____,要求履带架最下沿距离履带板_____。

7. 张紧装置保养需要将张紧液压缸内润滑脂释放,液压缸缩回约_____cm,重新张紧履带到正常位置;反复_____次。

8. 柴油机特殊故障有_____和_____。

9. 调整和维修各喷油嘴,使喷油相_____。

10. 实际液压系统存在液阻和泄漏,液阻造成_____损失,泄漏造成_____损失。

11. 机械故障的渗漏现象有_____、_____、_____等。

12. 液压油箱油量不够,主泵吸空排除方法为_____。

13. 液压系统中的压力取决于_____,执行元件的运动速度取决于____。

14. 如果在连接器号中没有指示(阳)或(阴),应拆下一个连接器,而在____

——插上 T 接头。

15. 按照针脚号说明顺序和万用表导线处置规定,可将负极导线(-)连接到____或导线线束上有标记的针脚上。

16. 马达正常起动时间不能超过_____,空载起动时间不能超过_____。

17. 液压挖掘机设置有_____、_____、_____、_____四种功率模式。

18. 挖掘作业时,如果需要更大的挖掘力可以按下_____,以将液压力提高____左右并持续_____,通过临时增加_____增大挖掘力。

19. 液压油温度_____,最大温升不得大于_____,记录油温。

20. 溢流阀易产生高频噪声,主要是_____性能不稳定所致,即为先导阀前腔压力高频振荡引起空气振动而产生的噪声。

二、单项选择题(将正确的答案的序号填入空格内;每题 1 分,共 20 分)

1. 液压挖掘机作业时,转台(   )自重和载荷的合力位置是经常变化的,并偏向载荷方面。

    A. 上部　　　　　　　　B. 下部　　　　　　　　C. 中部

2. 导向轮与最靠近的支重轮的距离(   ),则导向性能越好。

    A. 越大　　　　　　　　B. 相等　　　　　　　　C. 越小

3. (   )将发动机的机械能转变为液压能,为液压系统提供一定流量的压力油驱动液压缸和液压马达,是整个液压系统的动力源。

    A. 控制阀　　　　　　　B. 主泵　　　　　　　　C. 节流阀

4. (   )比例电磁阀的控制是依靠电流变化促使流量发生变化,从而改变发动机功率。

    A. PPRE 阀　　　　　　B. EPPR 阀　　　　　　C. REPP 阀

5. 水温表报警有延迟功能,请在操作时等待时间保证在(   )以上。

    A. 10s　　　　　　　　B. 20s　　　　　　　　C. 30s

6. 拧紧回转支承的 M22 螺栓时,预紧力矩 550N·m,拧紧力矩为(   )。

    A. 600N·m　　　　　　B. 650N·m　　　　　　C. 700N·m

7. 整机密封性检查 10min 内渗漏量不得超过(   )(油、水、气)。

    A. 1 滴　　　　　　　　B. 2 滴　　　　　　　　C. 3 滴

8. 检查履带的下垂量,保持动臂和斗杆之间的夹角在(   )范围内,并将铲斗圆弧部放于地面。

    A. 70°~80°　　　　　　B. 80°~90°　　　　　　C. 90°~100°

9. 机械系统常见故障中膨胀阀入口侧凉、有霜,原因是(   )。

    A. 系统内制冷剂超量　　B. 温控器失效　　　　　C. 膨胀阀堵塞

10. 柴油机转速失控,称为"(   )"。

    A. 飞车　　　　　　　　B. 快车　　　　　　　　C. 慢车

11. 液压系统常见故障中挖掘机全车无动作的原因有(   )。

A. 油箱油量不足   B. 行走马达损坏   C. 主泵损坏

12. 发动机油门旋钮1档电压为(　　)。

    A. 0.3 ~ 1.75V   B. 0.5 ~ 1.75V   C. 0.7 ~ 1.75V

13. 发动机蓄电池荷电状态显示密度计颜色为(　　)。

    A. 白色   B. 黄色   C. 绿色

14. 在液压系统中用于安全保护的控制阀有(　　)。

    A. 单向阀   B. 顺序阀   C. 节流阀   D. 溢流阀

15. 八芯母护套 DT06 - 8SA 线束为黑白色,信号的名称为 GPS 电源负极,应选取(　　)mm² 的线。

    A. 0.3   B. 0.4   C. 0.5

16. 斗杆与地面垂直时,使铲斗最底部离地(　　),操作手柄反复动作,使铲斗挖掘和卸载连续动作20次,检查有无异常现象。

    A. 1m   B. 2m   C. 3m

17. 工作装置各隔板根据需要(　　)。

    A. 调装   B. 选装   C. 修装

18. 配重螺栓 M36×280 的紧固力矩为(　　)。

    A. 220 ~ 300N·m   B. 2200 ~ 3000N·m   C. 2260 ~ 3010N·m

19. 回油管路安装接头坚固必须符合(　　)要求。

    A. 安装   B. 装配   C. 紧固力矩

20. 当电阻阻值大于(　　)时,约10s后,提示油位传感器开路。

    A. (200±10)Ω   B. (300±10)Ω   C. (400±10)Ω

三、是非题(是画√,非画×;画错倒扣分;每题1分,共20分)

1. 所有插接件、连接件一般插接牢固,连接可靠,不得松脱。 (　　)

2. 如果液压油温度达到90℃时,监控仪表会提示报警。 (　　)

3. 铲斗斗齿支承地面,分别支承起挖掘机两边的行走减速装置和制动装置,使"四轮一带"左右各运行20min,观察其工作是否正常。 (　　)

4. 机器保养前把安全锁定杆拉到 LOCK(锁住)位置。 (　　)

5. 用手摸液压泵和液压马达的外壳、液压油箱外壁和阀体表面,若接触2s时感到烫手,一般可认为其温度已超过55℃,应查找原因。 (　　)

6. 冷起动预热消耗蓄电池能量大,使用冷起动预热装置时必须保证蓄电池供电。 (　　)

7. 如发生气阻引起发动机不能起动,应适当升温。 (　　)

8. 液压缸中的压力越大,所产生的推力也越大,活塞的运动速度也越快。 (　　)

9. 液压元件的图形符号只表示元件结构而不表示元件的职能。 (　　)

10. 整机故障中回转压力不足的原因是工作油量不足。 (　　)

11. 当转动发动机起动开关时,若从蓄电池继电器触点听到操作声音,则可判

定蓄电池正常。 （　　　）

12. 当熔丝烧断时,电路中接地故障一定会发生。 （　　　）

13. 履带式液压挖掘机采用的变量柱塞泵的特性是高效率、高响应、丰富的控制方式、高功率输出密度、高自吸能力、高可靠性。 （　　　）

14. 模拟挖掘时起动柴油机,要观察柴油机的运行及各仪表指示值是否正常。 （　　　）

15. 整机外观检查:焊缝均匀,无裂纹、焊瘤、弧坑及飞溅等缺陷。 （　　　）

16. 空气过滤器固定可靠,进气管连接可靠,不得漏气,喉箍位置正确、拧紧可靠,并保证有一定距离。 （　　　）

17. 冷却液水温到达 120℃时报警。 （　　　）

18. 当油位小于报警点 10％时,报警区域有文字提示及图标闪烁,蜂鸣器鸣叫。 （　　　）

19. 精密诊断法包括仪器仪表检测法、油液分析法、振动声学法、超声波检测法、计算机诊断的专家系统等。 （　　　）

20. 把铲斗满载,斗杆向下处于合适的位置,使动臂反复上下动作 30 次,如有异常记录下来。 （　　　）

四、简答题(每题 4 分,共 40 分)

1. 简述发动机不起动的故障原因。

2. 简述液压系统振动和有噪声的原因。

3. 简述发动机不起动的故障原因。

4. 什么是故障排除?

5. 简述更换齿轮油步骤。

6. 整机操作空运转试验的项目有哪些?

7. 简述润滑系统的装配要点和检测要求。

8. 简述液压挖掘机附属装置装配工艺步骤。

9. 简述发动机装配要点及检测要求。

10. 简述支重轮、夹轨器装配要点和检测要求。

7.3.2　模拟试卷样例 2(高级工)

一、填空题(将正确的答案填入空格内;每题 1 分,共 20 分)

1. PC – EPC 电磁阀的电流大小还与_____、_____等因素有关。

2. 柱塞的行程随着_____的变化而变化,变量泵的斜盘角度受调节器的控制。

3. _____的搭铁极性必须与_____的搭铁极性相同。

4. 履带下垂量一般为_____。

5. 主泵安装时螺栓 M20×55 的紧固力矩为_____。

6. 超声波检测法常用的方法有_____和_____。

7. 工作装置在极限状态下,测量主泵工作油口处的压力值测_____取平均值,结果不小于_____。

8. 如果保养时必须抬起机器,应把动臂和斗杆之间的角度保持在_____之间,牢牢地支承住被抬起的机器任何部件,不可在被动臂抬起的机器下面作业。

9. 燃油系统中有_____、_____及_____,会发生三阻。

10. 发现发动机排气冒_____,主要是活塞环和活塞磨损使机油上窜至燃烧室造成的。

11. 液压系统的泄漏包括_____和_____。

12. 机械故障的过热现象_____、_____、_____等。

13. 液压系统内泄漏原因有_____、_____、_____。

14. 油箱的用途是_____、_____、_____的空气,_____的杂质。

15. 行走速度开关处于高速时,_____接通,改变行走马达_____,使行走速度变_____。

16. 如果监控器面板上的监控灯不亮,应检查_____和_____之间的电源电路。

17. S 模式适用于一般挖掘及装载作业_____、_____、_____的情况。

18. 系统搭铁线在底座上的焊接采用_____,不得_____或_____。

19. 挖掘机在出厂前,厂家都会先激活_____功能。

20. GPS 二级锁车时,发动机转速将只能保持在_____左右;GPS 一级锁车时,发动机_____。

二、单项选择题(将正确的答案的序号填入空格内;每题 1 分,共 20 分)

1. 按轮齿节距的不同,驱动轮有等节距的和(   )的两种。
   A. 等齿距　　　　　B. 不等节距　　　　　C. 不等齿

2. 动臂保持阀安装在(   )至动臂液压缸缸底的油口处。
   A. 主控制阀　　　　B. 分流阀　　　　　C. 合流阀

3. XE230C 以上机型铲斗内收时需用流量较大,采用(   )的方式提高速度。
   A. 阀内合流　　　　B. 阀内倒流　　　　C. 阀外合流

4. 起动马达两次起动间隔应大于(   )以上,可加装防再起动装置。
   A. 10s　　　　　　B. 30s　　　　　　C. 20s

5. 如提高溢流压力,溢流阀将断开(休息)(   )以上。
   A. 6s　　　　　　B. 10s　　　　　　C. 8s

6. 主泵安装时螺栓 M10×30 的紧固力矩为(   )。
   A. 62N·m　　　　B. 72N·m　　　　C. 82N·m

7. 使(90°范围)左右急操作操纵杆回转动作,反复实施(   )。
   A. 10 次　　　　　B. 20 次　　　　　C. 30 次

8. 以低速空载速度使发动机空载运转(　　　)。

    A. 3min   B. 5min   C. 8min

9. 正常工作情况下,在 30~50℃时,高压表读数为(　　　)。

    A. 1.03~1.47MPa   B. 1.47~1.67MPa   C. 0.13~0.20MPa

10. 挖掘机液压系统的故障约有(　　　)是油液污染引起的,因而利用各种分析手段来鉴别油液中污染物的成分和含量,可以诊断挖掘机液压系统故障及液压油污染程度。

    A. 50%   B. 60%   C. 70%

11. 将燃油箱上的燃油供给转换阀旋转(　　　),即可使柴油机停止燃油供给。

    A. 30°   B. 35°   C. 45°

12. 液压系统常见故障中挖掘机工作时产生异响、异常振动的原因有(　　　)。

    A. 油箱油量不足   B. 减速器齿轮损坏   C. 密封损坏

13. 起动继电器接脚正常状态下的标准数值为(　　　)。

    A. 65~76   B. 75~76   C. 85~86

14. 油门马达电位计 CN-12T 在③脚与②脚之间的电阻值为(　　　)。

    A. 100~2000Ω   B. 110~2000Ω   C. 120~2000Ω

15. 主泵损坏的排除方法是(　　　)。

    A. 更换过滤器   B. 更换或维修主泵   C. 更换滤芯

16. 评定油液最重要的基本特征是(　　　)。

    A. 压力   B. 黏度   C. 湿度   D. 温度

17. (　　　)在安装时不可直接敲击。

    A. 滑动轴承   B. 自润滑轴承   C. 滚动轴承

18. 发动机蓄电池电压一般应(　　　)。

    A. 低于 24V   B. 等于 24V   C. 高于 24V

19. 液压油箱内设置的特殊的油温指示器在油温超过(　　　)时批开电磁阀开关,齿轮泵通过阀组由齿轮马达带动风扇转动,对液压油进行强制冷却。

    A. 50℃   B. 60℃   C. 70℃

20. 通过确认键进入维护(　　　)信息,根据信息内容可以对整机进行保养。

    A. 10h   B. 8h   C. 6h

三、是非题(是画√,非画×;画错倒扣分;每题 1 分,共 20 分)

1. GPS 有两级锁车。　　　　　　　　　　　　　　　　　　　　　　(　　　)

2. 检查齿侧间隙时接触斑点长度不小于总长的 40%。　　　　　　　(　　　)

3. 空运转试验时行走调至快档,操作行走操纵杆,反复进行前进或倒行,动作 10h。　　　　　　　　　　　　　　　　　　　　　　　　　　　　　　(　　　)

4. 连接高压软管时,不可使高压软管扭曲。（　　）

5. 整机故障中作业不良的原因是液压泵出现故障或排油量不足。（　　）

6. 柴油机"飞车"是一种恶性事故,汽油机也有"飞车"事故。（　　）

7. 应加注合格标号的燃油,必要时放掉燃油箱底部燃油中的水分。（　　）

8. 液压缸活塞运动速度只取决于输入流量的大小,与压力无关。（　　）

9. 整机故障中行走不轻快的原因是溢流阀调整压力低。（　　）

10. 按照针脚号说明顺序和万用表导线处置规定,可将正极导线(+)连接到前面或导线线束上有标记的针脚上。（　　）

11. 需按规定要求连接正极导线(+)和负极导线(-),以便进行故障诊断。

（　　）

12. 发动机转速传感器在 108 号线与地线之间电压在 $1M\Omega$ 以上。（　　）

13. 自动降速转速设定在 1400r/min,如果燃油控制旋钮未调到该水平,则自动降速不工作。（　　）

14. 由履带和驱动轮、导向轮、支重轮、托轮组成的"四轮一带",直接关系到挖掘机的工作性能和行走性能,其质量及制造成本约占整机的 1/2。（　　）

15. GPS 二级锁车时,发动机转速将只能保持在 1200r/min 左右;GPS 一级锁车时,发动机无法起动。（　　）

16. 精密诊断法即客观诊断法。（　　）

17. 满载时通过节流孔的流量最大,则节流孔前后的压差最大,负反馈压力最大,可达5MPa。（　　）

18. 机械故障的声响异常有发动机敲缸响、气门脚响、液压缸响等。（　　）

19. H 模式是标准模式。（　　）

20. 自动怠速功能能降低油耗。（　　）

四、简答题(每题 4 分,共 40 分)

1. 简述挖掘机电气系统的故障形式。

2. 简述液压系统总流量不足的原因。

3. 简述起动机不起动故障现象有哪些。

4. 什么是机械故障?

5. 简述调紧履带的步骤和安全注意事项。

6. 整机操作调试接车检查确认的项目有哪些?

7. 简述液压系统的装配要点和检测要求。

8. 简述油箱总装装配要点及检测要求。

9. 简述液压挖掘机操纵装置装配工艺步骤。

10. 简述导向轮、驱动轮、回转体的装配要点和检测要求。

7.3.3　技能要求试题（高级工）
一、技能试题 1

（1）设备准备（表 7-23）

表 7-23　设备准备明细表

序号	名称	规格	数量
1	行车	2t	1
2	主阀工装		1

（2）零部件准备（表 7-24）

表 7-24　零部件准备明细表

序号	名称	数量	装配要求
1	多路控制阀	1	18 套筒扳手
2	阀架	1	
3	螺栓 M12×40	3	19 扭力扳手，33N·m
4	平垫圈 φ12	3	19 扭力扳手，33N·m
5	接头 I	16	19 扭力扳手，33N·m
6	接头 II	11	19 扭力扳手，33N·m
7	接头 III	5	41 扭力扳手
8	接头 IV	3	19 扭力扳手，33N·m
9	接头 V	1	19 扭力扳手，33N·m
10	接头 VI	1	19 扭力扳手，33N·m
11	接头 VII	1	19 扭力扳手，33N·m
12	接头 VIII	1	22 扭力扳手
13	三通接头	2	
14	接头体	1	
15	铜管 I	1	
16	铜管 II	1	
17	铜管 III	1	
18	铜管 IV	1	
19	铜管 V	1	19 扭力扳手，33N·m
20	铜管 VI	1	22 扭力扳手
21	功能螺母	12	一字槽螺钉旋具
22	节流阀	2	
23	过滤器	1	
24	接头 IX	2	
25	压力开关	1	
26	回油块	1	18 呆扳手
27	O 形密封圈 61.5×3.55	1	
28	螺栓 M12×10	4	
29	平垫圈 φ12	4	

（3）工、量具准备（表 7-25）

表 7-25　工、量具准备明细表

序号	名称	规格	数量
1	呆扳手	18	1
2	扭力扳手	8～32	各1
3	一字槽螺钉旋具	10″	1
4	斜口钳	6″	1
5	清洗剂		1
6	密封胶		1
7	卫生纸		1

（4）考核内容

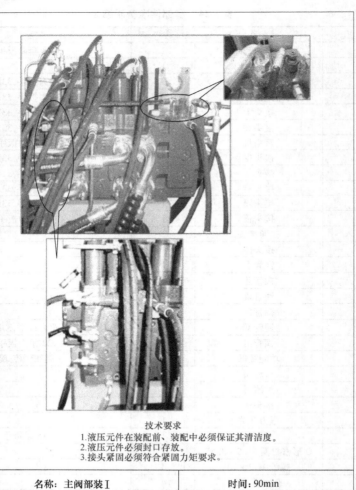

技术要求
1.液压元件在装配前、装配中必须保证其清洁度。
2.液压元件必须封口存放。
3.接头紧固必须符合紧固力矩要求。

名称：主阀部装Ⅰ	时间：90min

（5）主阀部装Ⅰ评分标准表（7-26）

表7-26　主阀部装Ⅰ评分表

序号	要求	评分标准	配分	检测结果	扣分	得分
1	来料确认	物料正确、无损伤，油口有防护	2			
2	胶管、接头确认	正确、清洁、有防护	2			
3	主阀油口清洁	油口清洁后拆除防护封口	5			
4	安装接头	接头螺纹孔检查、内壁检查确认	2			
5		接头紧固符合力矩要求	5			
6	安装软管	胶管接头检查确认	2			
7		GEO10接头使用开口扳手固定，再做胶管紧固	5			
8		胶管紧固符合力矩要求	10			
9	紧固标识	紧固一个，标识一个	5			
10	安装面清洁	无油污、灰尘等杂物	5			
11	主阀吊装安全、平稳	不得与其他物品发生磕碰	5			
12	螺纹孔清洁	无油污、灰尘等杂物	5			
13	螺栓紧固	螺栓用手拧入2~3扣	2			
14		气动扳手1档预紧	5			
15		对角紧固	5			
16		扭力扳手紧固力矩为68~81N·m	10			
17	涂胶符合作业规范要求	均匀、适量涂抹于螺栓上	5			
18	清洁装配	确保装配后无油污、杂物	5			
19	工具清理	清洁工具、摆放整齐	5			
20	安全文明生产	违者每次扣2分	10			

二、技能试题2

（1）设备准备（表7-27）

表7-27　设备准备明细表

序号	名称	规格	数量
1	行车	2t	1
2	主阀工装		1

（2）零部件准备（表7-28）

表7-28　零部件准备明细表

序号	名称	数量	工具
1	软管总成1	1	19扭力扳手
2	软管总成2	1	19扭力扳手
3	软管总成3	3	19扭力扳手
4	软管总成4	3	19扭力扳手
5	软管总成5	16	19扭力扳手
6	软管总成6	11	19扭力扳手
7	软管总成7	5	19扭力扳手
8	软管总成8	3	19扭力扳手
9	软管总成9	1	19扭力扳手

（续）

序号	名称	数量	工具
10	软管总成10	1	19扭力扳手
11	软管总成11	1	19扭力扳手
12	软管总成12	1	19扭力扳手
13	软管总成13	2	
14	软管总成14	1	
15	软管总成15	1	
16	软管总成Ⅰ（不拧紧）	1	
17	软管总成Ⅱ（不拧紧）	1	
18	软管总成Ⅲ（不拧紧）	1	
19	软管总成Ⅳ（不拧紧）	1	
20	软管总成Ⅴ（不拧紧）	1	
21	软管总成Ⅵ（不拧紧）	12	
22	软管总成16	2	
23	软管总成17	1	
24	软管总成18	2	
25	软管总成19	1	
26	软管总成20	1	
27	软管总成21	1	
28	软管总成22	1	
29	软管总成23	1	
30	软管总成24	1	
31	软管总成25	1	
32	软管总成26	1	
33	软管总成27	1	
34	软管总成28	1	
35	软管总成29	1	
36	软管总成30	4	18呆扳手
37	软管总成31	1	
38	动臂钢管总成Ⅰ	4	
39	动臂钢管总成Ⅱ	4	

（3）工、量具准备（表7-29）

表7-29　工、量具准备明细表

序号	名称	规格	数量
1	扭力扳手	8～32	各1
2	一字槽螺钉旋具	10″	1
3	斜口钳		1
4	扳手加长杆		1

（4）考核内容

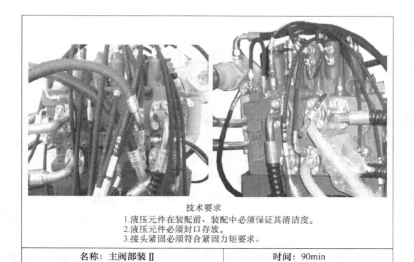

技术要求
1.液压元件在装配前、装配中必须保证其清洁度。
2.液压元件必须封口存放。
3.接头紧固必须符合紧固力矩要求。

名称：主阀部装Ⅱ	时间：90min

（5）主阀部装Ⅱ评分标准（表7-30）

表7-30　主阀部装Ⅱ评分表

序号	要求	评分标准	配分	检测结果	扣分	得分
1	来料确认	物料正确、无损伤，油口有防护	2			
2	胶管、接头确认	正确、清洁、有防护	2			
3	主阀油口清洁	油口清洁后拆除防护封口	5			
4	安装接头	接头螺纹孔检查、内壁检查确认	2			
5		接头紧固符合力矩要求	5			
6	安装软管	胶管接头检查确认	2			
7		GEO10接头使用开口扳手固定,再做胶管紧固	5			
8		胶管紧固符合力矩要求	10			
9	紧固标识	紧固一个,标识一个	5			
10	安装面清洁	无油污、灰尘等杂物	5			
11	主阀吊装安全、平稳	不得与其他物品发生磕碰	5			
12	螺纹孔清洁	无油污、灰尘等杂物	5			
13	螺栓紧固	螺栓用手拧入2～3扣	2			
14		气动扳手1档预紧	5			
15		对角紧固	5			
16		扭力扳手紧固力矩68～81N·m	10			
17	涂胶符合作业规范要求	均匀、适量涂抹于螺栓上	5			
18	清洁装配	确保装配后无油污、杂物	5			
19	工具清理	清洁工具、摆放整齐	5			
20	安全文明生产	违者每次扣2分	10			

参考答案

模拟试卷样例 1（初级工）参考答案

一、填空题

1. 施工机械 2. 工作循环 3. 行走装置 4. 工作装置 上部转台 行走装置 5. 柴油发动机 6. 传动监控盘 发动机控制系统 泵控制系统 7. 直动臂 弯动臂 8. 转台 回转支承 回转机构 9. 履带式 轮胎式 履带式 10. 导向轮 驱动轮 11. 执行 压力能 机械能 12. 控制 方向控制阀 压力控制阀 流量控制阀 13. 蓄电池 点火系统 14. 12V 28V 15. OFF 档 ON 档 START 档 16. 高速"Hi" 低速"Lo" 17. 交叉轮番 18. 180° 预紧 通紧 19. 生料带 20. 装配前 装配中

二、单项选择题

1. A 2. B 3. B 4. B 5. B 6. C 7. B 8. A 9. C 10. C 11. B 12. B 13. D 14. B 15. A 16. C 17. B 18. C 19. C 20. B

三、判断题

1. √ 2. √ 3. × 4. √ 5. √ 6. × 7. √ 8. √ 9. × 10. √ 11. √ 12. √ 13. × 14. √ 15. × 16. × 17. √ 18. √ 19. √ 20. ×

四、简答题

1. 答：①按作业过程进行分类：周期作业式和连续作业式；②按用途进行分类：通用型挖掘机和专用型挖掘机；③按传动方式分类：机械传动式和液压传动式；④按行走装置分类：履带式挖掘机和轮胎式挖掘机；⑤按工作装置形式分类：单斗挖掘机和多斗挖掘机；⑥按回转部分转角分类：全回转式和半回转式；⑦按照整机重量、总功率、铲斗容量分类：小型、中型、大型、超大型等各种级别。

2. 答：①对液压元件加工精度要求高，装配要求严格，制造较为困难。使用中系统出现故障时，现场排除较难，维修条件和技术要求较高。②液压油的黏度受温度影响较大，总效率较低，同时液压系统容易漏油，渗入空气后产生噪声和振动，使动作不稳，并对液压元件产生腐蚀作用。

3. 答：挖掘机的动力源是柴油发动机，柴油发动机是内燃机的一种，将柴油喷射到汽缸内与空气混合，燃烧得到热能转变为机械能的热力发动机，即依靠燃料燃烧时的燃气膨胀推动活塞作直线运动，通过曲柄连杆机构使曲轴旋转，从而输出机械功。

4. 答：液压传动系统通过液压泵将发动机的动力传递给液压马达、液压缸等执行元件，推动工作装置动作，从而完成各种作业。由液压泵、控制阀、液压缸、液压马达、管路、油箱等组成。

5. 答：高速方案和低速方案各有特点：高速液压马达具有体积小、效率高、不需背压补油、便于设置小制动器、发热和功率损失小、工作可靠、可以与轴向柱塞泵的零件通用等优点；低速大转矩液压马达具有零件少、传动简单、起动与制动性能好、对油污的敏感性小、使用寿命长等优点。

6. 答：整体式动臂的优点是结构简单、重量轻而刚度大，其缺点是更换的工作装置少，通用性较差，多用于长期作业条件相似的挖掘机上。

7. 答：

1）铲斗下放在平坦的地面上，使铲斗刚好与地面接触，这样在拆卸销轴时的阻力最小。

2）拆卸斗杆销轴和连杆销轴。把斗杆销轴和连杆销轴上的锁紧螺栓的双螺母拆下，然后卸下斗杆销轴的连杆销轴，并卸下铲斗。要注意保持斗杆销轴和连杆销轴的清洁，保持轴套两端的密封不被损坏。

3）安装装备使用的铲斗或其他工作装置。改变斗杆的位置，使斗杆上的孔与铲斗上的孔对正，连杆上的孔与铲斗上的孔对正（图2-8），涂上润滑脂，安装上斗杆销轴和连杆销轴。

8. 答：独一的减振机械、总体减振室、总体止回阀，具有多样的控制任选项、脚动或手动先导阀、坚固的单隔断构造、大回流和控制流量通道。

9. 答：履带式行走装置由"四轮一带"（即驱动轮、导向轮、支重轮、托轮及履带）、张紧装置和缓冲弹簧、行走机构、行走架（包括底架、横梁和履带架）等组成。

10. 答：确定原则是：使液压挖掘机重载、大幅度作业时的转台上部合力 F_R 的偏心距 e 与其空载、小幅度时的合力 F_R' 的偏心距 e' 大致相等。

模拟试卷样例2（初级工）参考答案

一、填空题

1. 斗内　2. WY25　3. 驱动轮　4. 工作装置　回转机构　动力装置　传动操作机构　行走装置　辅助设备　5. 工作装置　6. 传动系统　回转装置　7. 侧向开挖法　8. 工作装置　上部转台　9. 底架　10. 四轮一带　11. 整机重量　12. 旋转运动　复杂运动　行走　13. 液压缸　14. 主回路　控制回路　15. 液压缸　16. 轴向柱塞泵　径向柱塞泵　17. 旋转接头　高压软管　18. 调节器　19. 工作灯　臂灯　驾驶室内顶灯　20. 灯光不亮　灯光暗淡

二、单项选择题

1. B　2. B　3. C　4. C　5. B　6. B　7. B　8. C　9. B　10. A　11. B　12. C

13. B　14. C　15. B　16. C　17. B　18. A　19. B　20. A

三、判断题

1. √　2. √　3. ×　4. √　5. ×　6. √　7. ×　8. ×　9. √　10. √　11. √

12. √　13. √　14. ×　15. √　16. ×　17. √　18. √　19. ×　20. ×

四、简答题

1. 答：①技术性能提高，工作装置品种增加；②简化结构，减少易损件，机重小；③传动性能改善，平稳、安全；④机构布置合理、紧凑。⑤操作简便、灵活；⑥易于实现"四化"。

2. 答：最大挖掘力指液压缸中的液压力通过相应构件传递给斗齿并用来切削土的最大作用力。挖掘力是挖掘机的主要性能参数，与液压缸的推力、各铰点的位置有关。

3. 答：组合式动臂的优点是，可以根据作业条件随意调整挖掘机的作业和挖掘力，且调整时间短。此外，它的互换工作装置多，可满足各种作业的需要，装车运输方便。其缺点是质量大、制造成本高，一般用于中、小型挖掘机上。

4. 答：液压挖掘机转台布置的原则是左、右对称，尽量做到质量均衡，较重的总成、部件靠近转台尾部。此外，还要考虑各个装置工作上的协调和维修方便等。有的转台布置受结构尺寸限制，质心偏离纵轴线，致使左、右履带接地比压不等，因而影响行走架结构强度和液压挖掘机行驶性能。

5. 答：①标准铲斗容量；②整机性能参数：整机质量、最大行走牵引力、最大挖掘力、接地比压；③经济指标参数；④主要作业尺寸。

6. 答：驱动力大（通常每条履带的驱动力可达机重的35%～45%），接地比压小（40～50kPa），因而越野性能及稳定性好，爬坡能力强（一般为50%～80%），且转弯半径小，灵活性好。履带式行走装置在液压挖掘机上使用较为普遍。但履带式行走装置制造成本高，运行速度低，运行和转向时功率消耗大，零件磨损快，因此，挖掘机长距离运行时需借助其他运输车辆。

7. 答：①适当的流动性和黏度－温度变化要小，低温流动性良好，剪切安定性优秀；②对机械的滑动部位具有良好的润滑性能，减小磨损，以防止烧结；③耐热及抗氧化稳定性好，不会因热及氧化、老化而导致腐蚀、污垢等现象，长期耐用；④防锈及抗腐蚀性好，不会导致铁及非铁金属生锈及腐蚀。

8. 答：低速加速生效条件：油门旋钮设定转速小于自动怠速转速、自动怠速功能允许、操纵手柄有动作；低速加速取消条件：操纵手柄处于中位3s后、自动怠速功能取消、油门旋钮设定转速大于自动怠速转速。

9. 答：宏观检查法、比较法、试灯法、保险法、万用表测试法、仪表法。

10. 答：

1) 铲斗的纵向剖面形状应适应挖掘过程中各种物料在斗中的运动规律，有利于物料的流动，使装土阻力最小，有利于将铲斗装满。

2）装设斗齿，以增大铲斗对挖掘物料的线压比，斗齿及斗形参数具有较小的单位切削阻力，便于切入及破碎土壤。斗齿应耐磨、易于更换。

3）为使装进铲斗的物料不易掉出，斗宽与物料直径之比大于4:1。

4）物料易于卸净，缩短卸载时间，并提高铲斗有效容积。

模拟试卷样例1（中级工）参考答案

一、填空题

1. 全液压式 半液压式 2. 液压泵 3. 切削 4. 高速方案 低速方案 5. 履带式 轮胎式 汽车式 6. 分功率变量系统 全功率变量系统 7. PPC 回路 泵控制回路 安全回路 电控回路 8. 卸荷 缓冲 9. ≥12.6V 14.8V 10. 工作效率 降低油耗 11. 驱动轮 12. 锂基润滑脂 2 号 锂基润滑脂 13. 10～15mm 间隙 14. 塑料袋 橡皮筋 15. 敲击 压力机 16. 50m 3.5m 17. 90° 18. 均匀 锤痕 脱落 19. 湿面团 20. 过少 过多

二、单项选择题

1. B 2. B 3. C 4. B 5. B 6. B 7. C 8. A 9. A 10. B 11. B 12. C 13. C 14. A 15. A 16. A 17. A 18. B 19. B 20. A

三、判断题

1. √ 2. × 3. √ 4. √ 5. √ 6. × 7. √ 8. √ 9. × 10. × 11. √ 12. √ 13. √ 14. √ 15. × 16. √ 17. × 18. × 19. √ 20. √

四、简答题

1. 答：自动暖机生效条件：发动机水温≤10℃、发动机起动后3s；油门旋钮设定转速小于自动怠速转速；自动暖机取消条件：发动机水温30℃、自动暖机时间超过6min、油门旋钮有动作。

2. 答：GPS 控制中心可使用 GPS 功能实现对挖掘机的远程监控，包括取消/激活 GPS 功能、远程查看挖掘机的运行参数、远程定位、对挖掘机进行 GPS 一级或二级锁车、GPS 解锁等。

3. 答：使熄火继电器线圈得电 1s 后断开，吸拉线圈也得电 1s 后，避免吸拉线圈因通电时间长而烧损。吸拉线圈电流为 36.5A，阻值约 0.3Ω，保持线圈电流为 0.5A，阻值约 25Ω，保持线圈在发动机工作时一直通电，断电则停机。

4. 答：

1）采用对流式顺序单动和关联相结合的主回路。

2）所有工作液压缸都能双泵合流。

3）液压马达装有多功能的液压制动阀；设有温升及油液污染指示信号器，以便及时对油液进行冷却和清洗过滤器。

5. 答：动臂液压回路主要由主回路、控制回路组成，主回路用粗实线表示。

高压油经主泵输出后经主控制阀到达动臂油缸，使动臂产生运动。控制回路由PPC回路、泵控制回路、安全回路和电控回路组成。

6. 答：

1）液压装置不断发生相对运动时，减小摩擦，提高效率，起到润滑作用。

2）在金属部件表面形成油膜，起到防锈作用。

3）在部件间隙形成油膜以防止泄漏，起到密封作用。

4）吸收液压装置在运动时产生的热量，起到冷却作用。

5）冲洗内部配件相互摩擦产生的异物，起到清洁作用。

6）将负载或阻力均匀地传递给工作油接触面，起到力的分散作用。

7. 答：先将木楔放在导向轮的前下方，使行走装置制动住，然后缓慢驱动履带使其接地段张紧，此时上部履带便松弛下垂。下垂度可用直尺搁在托轮和驱动轮上测得，通常应不超过4cm。

8. 答：将传感器安装到底以后再回退3/4圈固定，或保证传感器磁头与飞轮外圆有1～3mm距离。传感器输出压力范围为大于DC2.5V。

9 答：

1）油液中混有空气或液压缸中空气未完全排尽，在高压作用下产生气穴现象而引发较大噪声。此时，须及时排尽空气。

2）缸油封过紧或活塞杆弯曲，在运动过程中也会因受力不匀而产生噪声。此时，应及时更换油封或校直活塞杆。

10. 答：PC－EPC电磁阀的作用是感知发动机实际转速，给予相应信号来调节液压泵流量。

模拟试卷样例2（中级工）参考答案

一、填空题

1. 堵头 2. 动臂 3. 四连杆机构 六连杆机构 4. 左右对称 5. 张紧度调整机构 6. 定量系统 变量系统 定量变量复合系统 7. 蓄能器 8. 两种配合 独立 3 9. 降温 升温 10. 模拟量采集 开关量采集 油门电动机控制 功率控制 11. 车架 支重轮总成 螺栓 夹轨器和垫圈 12. 0.656 0.83 13. 10kg 9mm 14. 攒动 15. 正确 可靠 16. 润滑油道 液压管路 17. 1m 挖掘 卸载 18. 300～500mm 19. 扭曲现象 捆扎 20. 内阻

二、单项选择题

1. A 2. A 3. A 4. B 5. C 6. B 7. A 8. A 9. A 10. A 11. B 12. A 13. C 14. C 15. C 16. C 17. C、D 18. A 19. A 20. A

三、判断题

1. × 2. × 3. √ 4. √ 5. √ 6. √ 7. × 8. × 9. √ 10. × 11. × 12. √ 13. × 14. √ 15. √ 16. √ 17. × 18. × 19. √ 20. ×

四、简答题

1. 答：自动怠速生效条件：操作手柄处于中位 3s 后、自动怠速功能允许、油门旋钮设定转速大于自动怠速转速；自动怠速取消条件：操纵手柄有动作、自动怠速功能取消、工作模式开关有转换、发动机油门旋钮有变化。

2. 答：当发动机冷却水温 $T \geqslant 105℃$ 时，电监控器通过 CAN 通信发送命令给 ESS 控制器，ESS 控制器使发动机在自动怠速转速下运行；当发动机冷却水温 $T \leqslant 100℃$ 时，电子监控器通过 CAN 通信发送取消命令给 ESS 控制器，过热保护功能取消。

3. 答：搭铁不良造成电气回路电阻增大，引起电压下降或工作失效，造成电气线路许多显性或隐性故障。在起动电路上，如果发动机搭铁不良，会造成起动回路电阻增大，加在起动机的端电压低，使发动机起动困难；在灯光电路上，如果灯具搭铁不良，会造成灯光不亮或者灯光暗淡；在仪表电路上，若搭铁不良，会造成假报警等现象。

4. 答：双泵单回路定量系统与单泵单回路定量系统相比，优点是小负载时挖掘机能充分利用发动机功率提高工作效率，但是回转和动臂提升同时动作时，转台的起动力矩和动臂提升速度会急剧下降。

5. 答：回转马达液压回路主要由主回路、控制回路组成，主回路用粗实线表示。高压油经主泵输出后经主阀到达回转马达，使回转马达产生运动。控制回路由 PPC 回路、泵控制回路、安全回路和电控回路组成。

6. 答：

1）保证挖掘机动臂、斗杆和铲斗可以各自单独动作，也可以互相配合实现复合动作。

2）工作装置的动作和转台的回转既能单独进行，又能作复合进行，以提高挖掘机的生产率。

3）履带式挖掘机的左、右履带分别驱动，使挖掘机行走方便、转向灵活，并且可就地转向，以提高挖掘机的灵活性。

4）保证挖掘机的一切动作可逆，且无级变速。

5）保证挖掘机工作安全可靠，且各执行元件（液压缸、液压马达等）有良好的过载保护；回转机构和行走装置有可靠的制动和限速；防止动臂因自重而快速下降和整机超速溜坡。

7. 答：履带式行走装置液压传动的方式，是每条履带各自有驱动的液压马达及减速装置。由于两个液压马达可以独立操纵，因此，挖掘机的左、右履带除了可以同时前进、后退或进行一条履带驱动、一条履带停止的转弯外，还可以两条履带向反方向驱动，使挖掘机实现就地转向，提高了灵活性。

8. 答：

1）接触斑点的分布应趋近于齿面中部，齿顶和齿端部棱边处不允许接触，且接触斑点高度不小于30%，长度不小于40%。

2）最小啮合侧隙为0.656mm，最大啮合侧隙为0.83mm。

9. 答：

1）温度在 -30～70℃ 范围内。

2）避免雨水、灰尘等浸入。

3）避免沾到油污及腐蚀性物质。

4）安装位置应方便维护、维修。

10. 答：尺寸紧凑、反应性高、滞后性低、操作员工作强度小、总体减振、工作可靠、污染影响小、新增环境保护装置。

模拟试卷样例1（高级工）参考答案

一、填空题

1. PPC 阀　2. 柱塞　柱塞缸孔　密封容积变化　3. 中　转速　油耗　噪声　4. 420N·m　5. 360°　10　10　6. 下垂量　155mm　7. 5　3　8. 柴油机"飞车"故障　发动机突然卡死故障　9. 一致　10. 压力　流量　11. 漏水　漏气　漏油　12. 加足液压油　13. 负载　流量　14. 两边　15. 后面　16. 15　10　17. H（重载）　S（标准）　L（轻载）　B（破碎）　18. 增力开关　9%　8s　溢流压力　19. ≤85℃　50℃　20. 先导阀

二、单项选择题

1. A　2. C　3. B　4. B　5. B　6. C　7. B　8. C　9. C　10. A　11. C　12. B　13. C　14. D　15. C　16. A　17. B　18. C　19. C　20. A

三、判断题

1. √　2. √　3. ×　4. √　5. ×　6. √　7. ×　8. ×　9. ×　10. ×　11. √　12. ×　13. √　14. √　15. √　16. √　17. ×　18. √　19. √　20. ×

四、简答题

1. 答：①蓄电池容量不足；②熔丝有故障；③发动机点火开关故障；④起动继电器故障；⑤安全锁定开关故障（内部断开）；⑥起动马达故障（内部断开或短路）；⑦交流发电机故障；⑧导线线束断开（与连接器脱开或接触不良）；⑨导线线束接地故障（与接地电路接触）；⑩导线线束短路（与24V电路接触）；⑪控制器故障。

2. 答：①液压缸中进空气、液压泵吸油口进空气、粗滤器堵塞；②液压泵密封失灵进空气、轴承或旋转体损坏；③溢流阀工作不良；④液压马达内部旋转体损坏；⑤控制阀失灵；⑥硬油管固定不良、系统回油不畅。

3. 答：①蓄电池电压低落，充电不足；②蓄电池接线柱锈蚀或松动；③蓄电池接地线锈蚀或松动，发动机接地不良；④起动继电器衔铁不能脱开；⑤点火开关故障或起动机故障。

4. 答：当机械发生故障后，通过分析、判断以及采取必要的方法找出故障发生的部位及原因，采取措施予以排除，迅速恢复完好的技术状态，称为故障排除。

5. 答：①将机器停放在水平地上；②将铲斗降至地面；③关掉自动怠速开关；④以低速空载速度空载运转发动机5min；⑤关闭发动机，从钥匙开关上取下钥匙；⑥把先导控制开关杆拉到锁住的位置；⑦取下排放管端部的排放塞以排去油；⑧重新装上排放塞；⑨取下加油口盖，加入齿轮油，直到油位到油尺上的标记之间为止；⑩重新装上加油口盖。

6. 答：①喇叭工作状态确认；②刮水器马达冷起动工作状态确认；③空调机工作状态及制冷液加注情况确认；④暖风机工作状态确认；⑤安全手柄及灯的工作状态；⑥室内灯工作状态（间歇、开关）；⑦驾驶室门锁的锁定作用（锁定）；⑧门打开后与外锁能否锁定；⑨驾驶室的外观检查（划伤、变形、锈迹、脱落）；⑩驾驶室的前窗操作性及开闭的锁定功能，插销的开闭确认，前窗的打开、归位，洗窗器的动作及喷射角度。

7. 答：①软管管路布置应整齐，软管安装不允许轴向旋转变形；②离各润滑点最近的螺母先不旋紧，待润滑脂被挤到此后再旋紧。

8. 答：①柴油箱部装；②液压油箱部装；③油箱总装；④封板安装1；⑤封板安装2；⑥侧门安装；⑦盖板安装；⑧机罩安装；⑨配重安装；⑩蓄电池安装。

9. 答：①风扇与导风罩的周边距离保证10~15mm并间隙均匀，风扇后部外露部分为风扇宽度的1/3；②空气过滤器固定可靠，进气管连接可靠，不得漏气，喉箍位置正确，拧紧可靠并保证有一定调节量。

10. 答：①螺栓安装前涂螺纹密封胶；②装配支重轮螺栓时必须交叉轮番逐次拧紧；③夹轨器M16螺栓拧紧力矩为310N·m；④支重轮M18螺栓拧紧力矩为420N·m。

模拟试卷样例2（高级工）参考答案

一、填空题

1. 监控器指令　主泵压力　2. 斜盘倾角　3. 发电机　蓄电池　4. 20~30mm　5. 610N·m　6. 回波脉冲法　穿透传输法　7. 三次　21.5MPa　8. 90°~110°　9. 空气　水　异物　10. 蓝烟　11. 内泄漏　外泄漏　12. 发动机过热　液压油过热　液压缸过热　13. 液压泵内泄　液压缸、液压马达内泄　控制阀内泄　14. 储油　散热　分离油中　沉淀油中　15. 高低速电磁阀　斜盘角　快　16. 蓄电池和特定熔丝　17. 周期短　耗油少　工作效率高　18. 满焊　虚焊

夹焊渣　19. GPS　20. 1300r/min　无法起动

二、单项选择题

1. B　2. A　3. C　4. B　5. C　6. B　7. B　8. B　9. B　10. C　11. C　12. B
13. C　14. B　15. B　16. B　17. B　18. C　19. B　20. B

三、判断题

1. √　2. √　3. ×　4. √　5. √　6. ×　7. ×　8. √　9. ×　10. √　11. ×
12. √　13. √　14. ×　15. ×　16. √　17. ×　18. ×　19. ×　20. √

四、简答题

1. 答：①发动机不起动；②在操作时发动机熄火；③发动机转速不规则或出现波动；④发动机不熄火；⑤自动降速不工作；⑥监控器面板完全无显示；⑦显示器面板上部分显示遗漏；⑧发动机运转时，燃油油位监控器红灯亮，发动机冷却液温度计不能正确显示，燃油计不能正确显示，挡风玻璃刮水器不工作。

2. 答：①发动机功率不足，转速偏低；②液压泵磨损，泵油不足；③液压泵变量机构失灵；④管路及过滤器堵塞，通油不畅；⑤油箱缺油。

3. 答：①接通点火开关，起动机不转；②起动机上的驱动齿轮不啮合；③起动机上的驱动齿轮不脱开；④发动机起动转速不够，转动不均匀。

4. 答：挖掘机在使用过程中，会因为时间的加长，造成各运动零件发生正常的自然磨损；会因为使用保养不当，引起严重的不正常磨损，以致零件的正常配合关系遭到破坏；会因为零件的变形、锈蚀，紧固件的松动以及有关部位调整不正确，破坏机械原有技术状态。加上不利作业环境的影响，使机械的动力性、经济性、可靠性下降，严重时机械不能正常工作，这种现象称为机械故障。

5. 答：将润滑脂枪接在润滑脂嘴上，加入润滑脂，直到履带下垂量达到规定为止。安全注意事项：在按逆时针方向转开阀后履带仍然过紧，或者在往润滑脂嘴加入润滑脂后履带仍然过松，都属于不正常现象。此时，绝对不可试图拆卸履带或履带调节器，因为履带调节器内的高压润滑脂会带来危险。

6. 答：①发动机机油、液压油、柴油、齿轮油确认；②散热器水箱及储液罐冷却水位确认；③发动机起动后，仪表板工作状态确认；④确认液压缸（动臂、斗杆、铲斗）活塞杆是否损伤及液压缸缓冲作用；⑤发动机空调皮带张紧是否合适；⑥铭牌确认；⑦整机钥匙数量的确认。

7. 答：①液压元件在装配前、装配中必须保证其清洁度；②液压元件必须封口存放；③接头紧固必须符合紧固力矩要求；④装配前所有管件、接头、集中块应清洗干净；⑤软管管路布置应整齐，软管安装不允许轴向旋转变形。

8. 答：①油箱内部用湿面团清理干净，油箱盖需涂平面密封胶，紧固螺栓时需涂螺纹紧固胶；②组装后油箱各待连接的油口防护完好；③安装液压油箱、柴油箱，装配螺栓时应按要求涂螺纹紧固胶；④紧固件按拧紧力矩拧紧。

9. 答：①操纵底板部装 1；②操纵底板部装 2；③空调部装；④先导阀安装；⑤驾驶室安装 1；⑥驾驶室安装 2；⑦先导阀胶管安装；⑧上车胶管部装 1；⑨上车胶管部装 2；⑩回油管路安装。

10. 答：①螺栓安装前涂螺纹密封胶；②装配托链轮、驱动轮与驱动马达螺栓时必须交叉轮番逐次拧紧；③托链轮、驱动链轮与驱动马达 M16 螺栓的拧紧力矩的 310N·m；④中心回转体、驱动马达在装配前、装配中必须封好油口，保证其清洁度。